职业院校工学结合一体化课程改革特色教材

电子产品的安装与调试

主　编　苗红蕾　曹利云
副主编　连　英　白文霞　刘　明
参　编　董贵荣　马增川　范丽娅　孟聪娟
　　　　刘　霞　李金凤　朱立强

机械工业出版社

本书是电类专业一体化教材，在形式上打破了传统教材的编写模式，在内容上突破了传统教材的结构体例，重点是以职业活动为导向，以典型工作任务为载体，以校企合作为基础，以综合职业能力培养为核心，理论教学与实训教学融合贯通，融入了编者的教学成果和教学、企业实践经验。

　　本书在学习任务选取上，紧密结合生产实际，以培养读者的电子应用能力为主线，体现职业岗位所需技能。每个学习任务包含相关理论知识与实践技能，重点培养读者的专业能力、方法能力及社会能力等综合职业能力。本书通俗易懂，易于教学。

　　本书适用于各类职业学校电类相关专业，也可供数控、机电一体化类专业选用。同时，本书对从事电气类专业的教师和工程技术人员也具有实用参考价值。

　　本书配有电子课件PPT，凡选用本书作为教材的教师，可登录机械工业出版社教育服务网 www.cmpedu.com 下载。咨询电话：010-88379375。

图书在版编目（CIP）数据

电子产品的安装与调试/苗红蕾，曹利云主编. —北京：机械工业出版社，2015.3（2024.8重印）

职业院校工学结合一体化课程改革特色教材

ISBN 978-7-111-47868-3

Ⅰ.①电… Ⅱ.①苗…②曹… Ⅲ.①电子设备-安装-中等专业学校-教材②电子设备-调试方法-中等专业学校-教材 Ⅳ.①TN05②TN06

中国版本图书馆 CIP 数据核字（2014）第 196935 号

机械工业出版社（北京市百万庄大街22号　邮政编码100037）

策划编辑：崔占军　赵志鹏　责任编辑：赵志鹏

责任校对：刘丽华　任秀丽

责任印制：张　博

北京建宏印刷有限公司印刷

2024年8月第1版 · 第3次印刷

184mm×260mm · 11.5印张 · 268千字

标准书号：ISBN 978-7-111-47868-3

定价：29.00元

职业院校工学结合一体化课程改革特色教材
编审委员会

主　任：荀凤元

副主任：孟利华

成　员：胡继军　孙晓华

郑红领　刘　颖

序

  课程建设是教学改革的重要载体，邢台技师学院按照一体化课程的开发路径，通过企业调研、专家访谈、提取典型工作任务，构建了以综合职业能力培养为目标，以学习领域课程为载体，以专业群为基础的"校企合作、产教结合、工学合一"的人才培养模式，完成本套基于工作过程为导向的工学结合教材编写，有力地推动了一体化课程教学的改革，实现了立体化教学。

  本套教材一体化特色鲜明，可以概括为课程开发遵循职业成长规律、课程设计实现学习者向技能工作者的转变、教学过程提升学生的综合职业能力。

  一是课程开发及学习任务的安排顺序遵循职业人才成长规律和职业教育规律，实现"从完成简单工作任务到完成复杂工作任务"的能力提升过程；融合企业的实际生产，遵循行动导向原则实施教学；建立以过程控制为基本特征的质量控制及评价体系。

  二是依据企业实际产品来设计开发学习任务，展现了生产企业从产品设计、工艺设计、生产管理、产品制造到安装维护的完整生产流程。这样的学习模式具备十分丰富的企业内涵，学习内容和企业生产比较贴近，能够让学生了解企业生产岗位具体工作内容及要求，不仅能使学生的专业知识丰富，而且能提升学生对企业生产岗位的适应能力。使学生在学习中体验完整的工作过程，实现从学习者向技能工作者的转变。

  三是在教学方法上，通过采用角色扮演、案例教学、情境教学等行动导向教学法，使学生培养了自主学习的能力，加强了团队协作的精神，提高了分析问题解决问题的能力，激发了潜能和创新能力，学会了与人沟通、与人交流，提升了综合职业能力。

  综上所述，一体化课程贯彻"工作过程导向"的设计思路，在教学理念上坚持理实一体化的原则，注重学生基本职业技能与职业素养的培养，将岗位素质教育和技能培养有机地结合。教材在内容的组织上，将专业理论知识融入每一个具体的学习任务中，通过任务的驱动，提高学生主动学习的积极性；在注重专业能力培养的同时，将工作过程中所涉及的团队协作关系、劳动组织关系以及工作任务的接受、资料的查询获取、任务方案的计划、工作结果的检查评估等社会能力和方法能力的培养也融入教材中。总之，一体化课程是一个职业院校学生走向职场，成为一个合格的职业人，成为有责任心和社会感的社会人所经历的完整的"一体化"学习进程。

  邢台技师学院实施一体化教学改革以来，取得了明显成效。本套教材在我院相关专业进行了试用，使用效果较好。希望通过本套教材的出版，能与全国职业院校进行互动和交流，同时也恳请专家和同行给予批评指正。

邢台技师学院院长 荀凤元

前　言

"电子产品的安装与调试"是电子类专业群及其他电类专业的专业基础课程，同时也是电类学生掌握电子技能的一个平台。怎么来选择一个合适的载体为情境来学习这门课显得尤为重要。教材作为一门专业基础课程的学习载体，其本身应能够尽可能多地包含课程标准要求的知识目标和能力目标，内容应涵盖《国家职业标准·维修电工》（中级）所要求的知识，并按照由简单到复杂，从单一到综合的逻辑关系进行展开。本书根据当前职业教育的发展要求，以技能培养为主线来设计学习任务，遵循职业学校学生的认知和职业成长规律而编写的教材。在形式上，本书打破了传统教材的编写模式，在内容上突破了传统教材的结构体例，重点是以职业活动为导向，结合一体化教学理念，以典型工作任务为载体，以校企合作为基础，以综合职业能力培养为核心，理论教学与实训教学融合贯通，力求提升教学质量，培养对社会有用的高技能人才。

本课程基于"任务引领、工作过程导向"的职业教育思想，旨在培养电子类专业学生职业岗位群的职业能力，即熟练地识别与检测电子元器件，熟练地焊接与安装电子产品，熟练地使用常规的仪器、仪表等设备对电路进行测量与调试，能对电子产品进行检测与维护，具有基本的识图和读图能力。本书包括了传统教材中模拟电路和数字电路的基础知识，同时增加了技能实训，重点培养学生的专业能力、方法能力及社会能力等综合职业能力及职业素养。学生可以掌握与电子产品相关的新器件、新工艺，适应电子产品装配工、测试技术员、生产工艺技术员、维修技术员等职业岗位，为学生未来在企业从事电子技术类的相关工作培养核心技能。

本书把电子产品生产过程中元件检测、安装、焊接、调试、组装、检测作为能力目标要求，同时结合传统的电子技术基础课程设置了以下8个学习任务：LM317可调稳压电源的安装与调试，简易助听器的安装与调试，温度超限报警系统的安装与调试，家用调光灯电路的安装与调试，声光控灯的安装与调试，八路抢答器电路的安装与调试，触摸转换开关电路的安装与调试，叮咚门铃的安装与调试。

本课程总授课学时为240学时，各任务的参考学时分配如下，可根据学生情况及授课时间适当调整。

序　号	任 务 名 称	参考学时
1	LM317可调稳压电源的安装与调试	36
2	简易助听器的安装与调试	30
3	温度超限报警系统的安装与调试	30
4	家用调光灯电路的安装与调试	30
5	声光控灯的安装与调试	30
6	八路抢答器电路的安装与调试	30
7	触摸转换开关电路的安装与调试	24
8	叮咚门铃的安装与调试	30
	总计	240

本书的主要特色：

1）每个任务的内容组织形式按任务引入—学习目标—任务书—相关知识—任务分析—任务实施—知识链接—评价标准—巩固提高9个模块设置，使学生在一个个贴近企业的具体环境中学习，既符合职业教育的基本规律，又有利于培养学生分析问题和解决问题的综合职业能力。

2）书中的每一个任务均由实例引入，尽可能通过图片、实物照片或表格等形式将各个知识点和操作过程予以展示。相关知识浅显易学，内容呈现方式为"看→做→学"，力求给学生营造一个更加直观的认知环境，真正引领学生"做中学""学中做"。

3）在内容编排上符合职业学校学生的认知规律和职业成长规律，从易到难，引导学生由比较简单的单元电路入手逐步进入综合实训，让学生不断提高自己各方面的能力，增强自信心。

4）本书侧重于让学生掌握电子基本技能的过程和方法，基本知识以"必需"和"够用"为原则。

5）所有项目都贴近生活并配有实际的电子产品，方便学生自学或教师教学。

6）每个学习活动都有任务评价记录，可以采用"学生自评""小组互评"或"教师评价"的方式进行有效评价。

本书的内容规划和最终统稿由苗红蕾和曹利云完成。曹利云和苗红蕾编写了任务一；董贵荣和马增川编写了任务二；范丽娅和孟聪娟编写了任务三；李金凤和刘霞编写了任务四；朱立强和苗红蕾编写了任务五；曹利云和白文霞编写了任务六；白文霞和苗红蕾编写了任务七；曹利云和刘明编写了任务八；连英提供了大量资料，刘明完成了大量的绘图工作。由于编者水平有限，书中难免存在不妥和错误之处，敬请读者提出批评和指正。

编　者

目　　录

任务一　LM317 可调稳压电源的安装与调试

任务引入

在工业或民用电子产品中，其控制电路通常采用直流电源供电。对于直流电源的获取，除了直接采用蓄电池、干电池或直流发电机外，通常都是将电网的 380/220V 交流电通过电路转换的方式来获取。

本任务是本课程第一个任务，学生从可调直流稳压电源入手，分析交流电转换为直流电的方法，为后续各项任务的设计打下基础，同时这个电源可供学生今后做实验用。

图 1-1 为 LM317 可调稳压电源散件及安装完成的成品，图 1-2 为供参考的 LM317 可调稳压电源原理图。

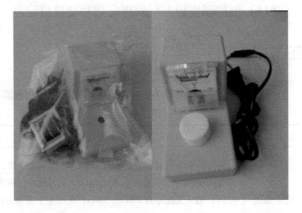

图 1-1　LM317 可调稳压电源散件及安装完成的成品

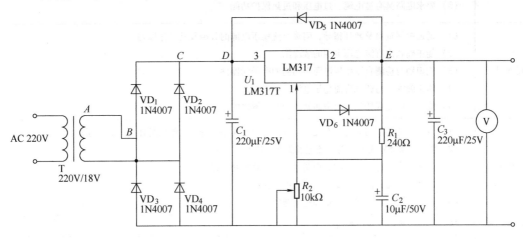

图 1-2　LM317 可调稳压电源原理图（参考）

学习目标

（1）通过各种信息渠道收集制作简易电子产品有关的必备专业知识和信息。

（2）能根据电路原理图，分析直流稳压电源电路的工作原理，并能用软件绘制电路原理图。

（3）能列出电路所需的电子元器件清单。

（4）能对所选的电子元器件进行识别与检测，为下一步焊接做准备。

（5）能较为熟练地使用相关的仪器仪表，并能进行简单的维护。

（6）能熟悉电子产品装配的一般原则，并安装电子元器件。

（7）能合理、准确地焊接电路，避免错焊、漏焊、虚焊。

（8）能熟悉简易电子产品的调试方法。

（9）能进行自检、互检，判断所制作的直流稳压电源是否符合要求。

（10）能按照国家相关环保规定和工厂要求，进行安全文明生产。

（11）能按照实训工厂的规定填写交接班记录。

任务书

表 1-1 LM317 可调直流稳压电源的安装与调试任务书

时间：　　　　组别：　　　　姓名：

任务名称	LM317 可调直流稳压电源的安装与调试	学时	36 学时
任务描述	学校的某一实训室需要用到 15V 的直流稳压电源，而学校暂时没有可输出直流电的实验台，要求在 4 天内完成 12 个直流稳压电源的制作。主要技术指标和要求： （1）输入交流电压 220V，50Hz；允许上下波动 ±10% （2）输出直流电压 1.25~22V 连续可调，输出电流 1A （3）要求电路具有过电流、过电压和过热保护功能		
任务目标	（1）通过翻阅资料及教师指导，明确直流稳压电源的分类及其工作原理 （2）能正确画出直流稳压电源的装配图 （3）能识别与检测直流稳压电源中用到的电子元器件 （4）能正确安装与调试直流稳压电源 （5）能总结出完成任务过程中遇到的问题及解决的办法		
资讯内容	（1）日常生活中用到的电源有几类？它们都应用在哪些场合？作用是什么？如何选择？ （2）如果需要 5V 或 12V 等直流电源怎么解决？ （3）怎么画直流稳压电源的装配图？需要注意哪些问题？ （4）怎么识别元器件？需要用到哪些仪表？ （5）安装与调试电路需要注意哪些问题？		
参考资料	教材、网络及相关参考资料		
实施步骤	（1）分组讨论生活中用到的电源类型及其应用 （2）分组讨论直流稳压电源装配图的画法及元器件清单的列表法并展示 （3）小组分工识别并检测直流稳压电源中所用到的电子元器件 （4）小组分工合作完成直流稳压电源的安装与调试 （5）小组推选代表展示成果，各小组互评 （6）教师总评、总结		
作业	（1）完成相关测量要求 （2）撰写总结报告，包括完成任务过程中遇到的问题及解决办法		

相关知识

一、认识电阻、电容和电感

（一）电阻器的基本知识

电阻器在电子产品中是必不可少的、用得最多的元件之一。如图 1-3 所示，它的种类繁多，形状各异，功率也各有不同，在电路中常用来控制电流、分配电压。电阻器的文字符号是"R"，电位器是"RP"，即在 R 的后面再加一个说明它有调节功能的字符"P"，其图形符号如图 1-4 所示。

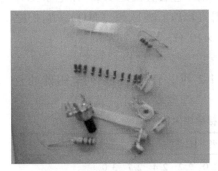

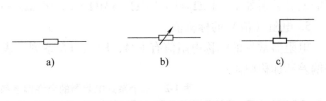

图 1-4   电阻器图形符号

a）电阻器一般符号   b）可变电阻器或可调电阻器   c）滑动触点电位器

图 1-3   电阻器

1. 普通电阻器的种类

（1）碳膜电阻器(RT)：阻值在几欧至几十兆欧，最常用，精度和稳定性稍差，价格低。

（2）金属膜电阻器(RJ)：阻值在几欧至几十兆欧，耐热、稳定、精确、体积小、价格高。

（3）线绕电阻器(RX)：阻值在 1MΩ 以内，功率大，可达 500W，稳定、精确、价格高。

2. 特种电阻器的种类

这类电阻器的电阻值受环境温度的影响特别显著，热敏电阻器大多数是由半导体材料制成的，因此又称半导体热敏电阻器，其外形如图 1-5 所示。其他如光敏电阻器，压敏电阻器，气敏电阻器，磁敏电阻器等，它们的电阻值会随着光强弱、电压高低、气体性质、磁场变化等而产生变化。

3. 电阻器的功率

电阻器的正常工作不至于烧坏的功率为额定功率，电阻器工作时实际消耗的功率是消耗功率，它常常只有额定功率的 1/2 或稍大一点。电阻器的额定功率也已系列化，标称值通常有 1/8，1/4，1，2，3，5，10W 等。电路图中对电阻器功率要求标识如图 1-6 所示。

图 1-5   特种电阻器

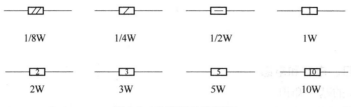

图1-6 电阻器功率标识

4. 电阻（值）的单位

电阻的基本单位是欧姆，习惯上简称为欧，用符号"Ω"表示。如果在电阻器两端施加1V的电压，能使电阻器中流过的电流为1A，那么该电阻器的电阻值就是1Ω。在电子工程中，通常还使用由欧姆导出的其他电阻值单位，如千欧姆（$k\Omega$）、兆欧姆（$M\Omega$）。它们之间的换算关系如下：$1k\Omega = 1 \times 10^3 \Omega$，$1M\Omega = 1 \times 10^3 k\Omega = 1 \times 10^6 \Omega$。

5. 电阻（值）的标称值

电阻器常见的标称电阻值有 E24，E12，E6 系列。表1-2列出了这三个系列电阻器的允许偏差和标称电阻值。

表1-2 三个系列电阻器的允许偏差和标称电阻值

系列代号	允许偏差	系 列 值										
E24	±5%，J，I	1.0 1.1 1.2 1.3 1.5 1.6 1.8 2.0 2.2 2.4 2.7 3.0 3.3 3.6 3.9 4.3 4.7 5.1 5.6 6.2 6.8 7.5 8.2 9.1										
E12	±10%，K，II	1.0 1.2 1.5 1.8 2.2 2.7 3.3 3.9 4.7 5.6 6.8 8.2										
E6	±20%，M，III	1.0 1.5 2.2 3.3 4.7 6.8										

6. 电位器的类型

电位器从不同角度出发有不同的分类，有以下几种类型。

①直线型、对数型、指数型；②旋转式、推拉式、直滑式；③膜式、实心、线绕；④单圈、多圈；⑤可调、半可调；⑥带开关、锁紧、贴片；⑦单联、双联、多联。

7. 电阻器、电位器的标志法

（1）直标法：用阿拉伯数字和单位符号在电阻器表面直接标出标称电阻值和技术参数，电阻值单位欧姆用"Ω"表示，千欧用"kΩ"表示，兆欧用"MΩ"表示，吉欧用"GΩ"表示，允许偏差直接用百分数或用 I（±5%）；II（±10%）；III（±20%）表示，如图1-7所示。

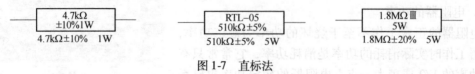

图1-7 直标法

（2）文字符号法：用阿拉伯数字和文字符号两者有规律的组合来表示标称电阻值，其允许偏差用文字符号表示：B（±0.1%）、C（±0.25%）、D（±0.5%）、F（±1%）、G（±2%）、J（±5%）、K（±10%）、M（±20%）、N（±30%）。符号前面的数字表示整数阻值，后面的数字依次表示第一位小数阻值和第二小数阻值。如图1-8所示。

图1-8 文字符号法

（3）数字法：用两位、三位或四位阿拉伯数字表示。对于三位表示法前两位数字表示阻值的有效数，第三位数字表示有效数后面零的个数。当阻值小于10欧时，常以×R×表示，将R看作小数点。单位为欧姆。偏差通常采用符号表示：B（±0.1%）、C（±0.25%）、D（±0.5%）、F（±1%）、G（±2%）、J（±5%）、K（±10%）、M（±20%）、N（±30%）。如图1-9所示。

图1-9 数字法

（4）色码法：用不同的色带（环）在电阻器表面标出标称阻值和允许偏差，参见表1-3。

表1-3 色环意义

颜色	有效数字	乘数	阻值允许偏差
银	—	10^{-2}	±10%
金	—	10^{-1}	±5%
黑	0	1	—
棕	1	10	±1%
红	2	10^2	±2%
橙	3	10^3	±0.05%
黄	4	10^4	—
绿	5	10^5	±0.5%
蓝	6	10^6	±0.25%
紫	7	10^7	±0.1%
灰	8	10^8	—
白	9	10^9	—
无色	—	—	±20%

普通电阻用四条色带表示标称阻值和允许偏差，其中前三条表示阻值，第四条表示偏差，第一、二条色带表示有效数字，第三条色带表示倍率（10的乘方数），第四条色带表示允许偏差。如图1-10所示。

精密电阻用五条色带表示标称阻值和允许偏差，其中前四条表示阻值，第五条表示偏差，第一、二、三条色带表示有效数字，第四条色带表示倍率（10 的乘方数），第五条色带表示允许偏差。如图 1-11 所示。

棕 绿 黑 银　　　　　　　　白 棕 黄 金

15Ω±10%　　　　　　　　910kΩ±5%

图 1-10　普通电阻色码法

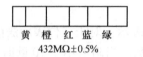

黄 橙 红 蓝 绿　　　　　　　棕 蓝 绿 黑 棕

432MΩ±0.5%　　　　　　　165Ω±1%

图 1-11　精密电阻色码法

色环电阻器第一色带（环）的确定方法。

1）偏差环与其他环间距较大。偏差环较宽。

2）第一环距端部较近。

3）有效数字环无金、银色。（说明：若从某端环数起第一、二环有金或银色，则另一端环是第一环。四色环电阻的偏差环一般是金、银、白。）

4）偏差环无黑、黄、灰、白色。（说明：若某端环是这四种颜色之一，则一定是第一环。）

5）试读：一般成品电阻器的阻值不大于 22MΩ，若试读大于 22MΩ，说明读反。

6）试测：用上述还不能识别时可进行试测，但前提是电阻器必须完好。

应注意的是有些厂家不严格按第 1）、2）、3）条生产，以上各条应综合考虑。

电阻器底色含义如下。

1）蓝色代表金属膜电阻器。

2）灰色的通常代表氧化膜电阻器。

3）米黄色（土黄色）代表碳膜电阻器。

4）棕色代表实心电阻器。

5）绿色通常代表线绕电阻器。

6）白色代表水泥电阻器。

7）红色、棕色塑料壳的，那是无感电阻器。

色环电阻器与色环电感器的外观区别是：色环电感器底色为绿色，两头尖，中间大，读数也与色环电阻器一样，只是单位为微亨（μH）。

注意：熟记电阻器色环所代表的数字

棕 红 橙 黄 绿 蓝 紫 灰 白 黑

1　2　3　4　5　6　7　8　9　0

（二）电容器的基本知识

电容器是由两个金属板，中间夹有绝缘材料构成的。电路中的电容器具有隔断直流电、通过交流电的作用，常用于级间耦合、滤波、去耦、旁路及信号调谐等方面。它是电子设备中不可缺少的基本元件。由于两极间的绝缘材料的不同，构成的电容器种类很多，形态各异，如图 1-12 所示。电容器的文字符号是 C，其图形符号如图 1-13 所示。

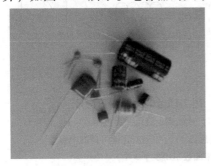

图 1-12 电容器

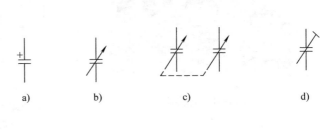

图 1-13 电容器图形符号
a) 极性电容 b) 可调电容器 c) 双联
同调可变电容器 d) 预调电容器

（1）固定电容器的类型。

1）电解质电容器有两种.

①铝电解：$1 \sim 10000 \mu F$，误差 $+100\% \sim -20\%$，稳定性差，漏电大，价廉。

②钽电解、钛电解、铌电解：稳定，精确，漏电少，价高。

2）有机介质电容器：有聚苯乙烯、聚四氯乙烯、涤纶、纸介电容器等。

3）无机介质电容器：有云母、瓷介、玻璃釉介质电容器等。

（2）可调电容器的类型：单联、双联、多联，多以空气或薄膜做介质。

（3）电容（值）的单位：电容的单位有 μF、nF 和 pF，相应关系是：$1 \mu F = 1 \times 10^{-6} F$，$1 nF = 1 \times 10^{-9} F$，$1 pF = 1 \times 10^{-12} F$。

（4）电容（值）的标称值：电容（值）的标称值与电阻（值）相同。

（5）电容器的耐压等级：电容器长期可靠地工作，它能承受的最大直流电压，就是电容器的耐压，也叫做电容器的直流工作电压。如果在交流电路中，要注意所加的交流电压最大值不能超过电容器的直流工作电压值。用耐压等级表示，电容器分为 1.6V、4V、6.3V、10V、16V、25V、32V、40V、50V、63V、100V、125V、160V、250V、300V、400V、450V、500V、630V、1000V 等。

（6）电容值的表示法：类似于电阻值标示法。

①直标法：对体积大的电容器如电解电容，其电容值和耐压值都直接标在电容器体上。

②文字符号法：用单位符号代替小数点，如 $\mu 47$ 表示 $0.47 \mu F$，$8n2$ 表示 $8.2 nF$，$4p7$ 表示 $4.7 pF$ 等。

③数字法：第一、二位为有效数，第三位是倍乘数，若第三位是 9 则倍乘为 10^{-1}，单位为 pF，如 103 表示 $10 \times 10^{3} pF = 10 nF$ 等。

④色码法（与电阻器同）。

（三）电感器的基本知识

电感器（线圈）在电路中有阻交流、通直流的作用，常用于滤波、调谐等电路中。电感线圈在电路中用 L 表示。图 1-14 是各种电感，其图形符号如图 1-15 所示。

图 1-14　电感器

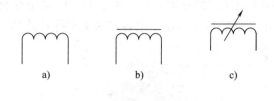

图 1-15　电感器图形符号

a）电感器（或线圈、绕组、扼流圈）　b）带磁心
的电感器　c）带磁心连续可调的电感器

（注：符号中半圆数不得少于 3 个）

1. 电感器的类型

（1）固定电感器的类型有：小型色码电感器、空心电感器、扼流圈、贴片电感器、印刷电感器等。

（2）可调电感器的类型有：可变电感线圈、微调电感器。

2. 电感（值）的单位

电感的单位有 H，mH，μH。其中 $1H = 1 \times 10^3 mH$，$1mH = 1 \times 10^3 \mu H$。

3. 电感（值）的标志法

（1）直标法：用文字符号直接标志在电感器上。如 39ⅡA 为 3.9mH ± 10%，最大工作电流为 50mA。电感器的电流等级有：A 为 50mA，B 为 150mA，C 为 300mA，D 为 700mA，E 为 1600mA。

（2）色标法：与电阻同，单位为 μH。如四环分别为：棕红红银，则此电感为 $12 \times 10^2 \mu H \pm 10\%$。

二、认识二极管

（一）二极管的结构和符号

二极管是一种采用半导体材料制成的器件，主要制造材料有硅（Si）、锗（Ge）及其化合物，二极管用途广泛，可用来产生、控制、接收、变换信号和进行能量转换等。在人们经常见到的宾馆、银行里的发光二极管（LED）显示屏、各种 LED 交通信号灯、霓虹灯、装饰灯以及红外控制器等都要用到二极管，如图 1-16 所示。

图 1-16　二极管的应用

二极管是在硅或锗单晶体基片上加工出 P 型区和 N 型区，从 P 型区引出二极管的正极，从 N 型区引出二极管的负极，两个区域之间有个结合部，它是一个特殊的薄层，称为 PN 结。二极管内部其实就是一个用硅或锗材料制造的 PN 结。晶体二极管的结构和图形符号如图 1-17 所示。

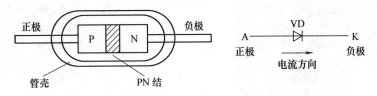

图 1-17　晶体二极管的结构和图形符号

（二）二极管的特性

二极管的主要特性是单向导电性，即二极管导通时，其正极电位高于负极电位，二极管处于正向偏置，简称"正偏"；二极管截止时，其正极电位低于负极电位，二极管处于反向偏置，简称"反偏"。

图 1-18 所示为二极管的伏安特性曲线。由曲线可知，硅二极管的死区电压约 0.5V，其导通工作电压约 0.7V；锗二极管的死区电压约 0.1V，其导通工作电压约 0.3V。它们的反向电流都很小，尤其是硅二极管，其反向工作电流小于 1μA，可忽略不计；锗二极管的反向电流稍大，而且受温度影响大，所以锗二极管现在很少使用。

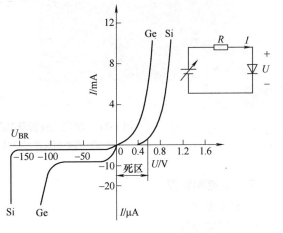

（三）二极管的主要参数

（1）最大整流电流 I_F：在一定温度下允许长期通过的最大正向电流平均值。

（2）最高反向工作电压 U_{RM}：允许加在二极管的反向峰值电压，通常取击穿电压的 1/2 或 1/3。

（3）反向电流 I_R：二极管加 U_{RM} 电压时的反向电流值，它受温度影响大。

图 1-18　二极管的伏安特性曲线

（4）正向压降 U_F：硅管约 0.7V，锗管约 0.3V。

（四）二极管的分类

二极管按用途分为以下几种。

（1）整流二极管：主要用于整流电路中，即把交流电转换成脉动的直流电。由于整流管的正向电流较大，所以整流管多为面接触的二极管，但工作频率低，其在电路中的图形符号和普通二极管相同。本任务中整流管采用 1N4007，外形如图 1-19 所示。

（2）稳压二极管：稳压二极管在电路中起稳定电压的作用。它是利用二极管的反向击穿特性制成的，在反向击穿区其两端的电压基本保持不变。稳压二极管如图 1-20 所示。

（3）发光二极管：发光二极管简称 LED，是将电能转变为光能的半导体器件（见图 1-

21）。它采用砷化镓、磷化钾、镓铝砷等材料制成。不同材料制成的发光二极管能发出不同的光。

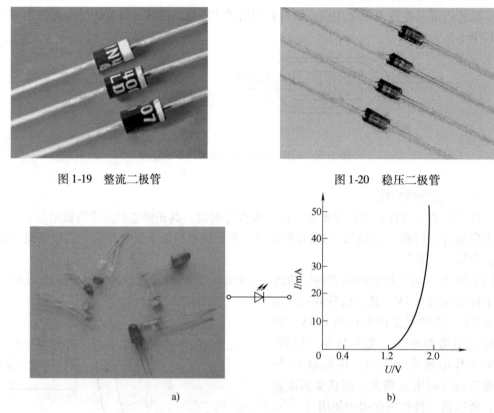

图 1-19　整流二极管　　　　　　　　　　　图 1-20　稳压二极管

a)

b)

图 1-21　发光二极管及其图形符号和伏安特性

a）实物图及图形符号　　b）伏安特性

三、整流和滤波

1. 整流电路

（1）半波整流。

1）工作原理如图 1-22 所示。

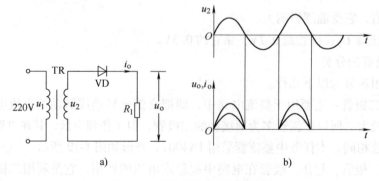

a)

b)

图 1-22　半波整流电路工作原理

2）特点。半波整流电路的优点是电路简单，元件少，缺点是交流电压中只有半个周期得到利用，输出直流电压低，$U_0 \approx 0.45U_2$。

（2）全波整流。

1）工作原理如图1-23所示。

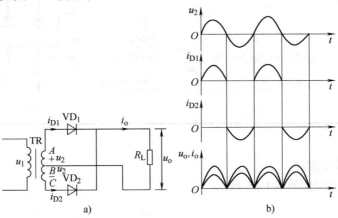

图1-23　全波整流电路工作原理

2）特点。输出电压高，输出电流大，电源利用率高，但要求变压器具有中心抽头，体积大，笨重，电路的利用率低，适用于大功率输出场合。

（3）桥式整流。

1）工作原理如图1-24所示。

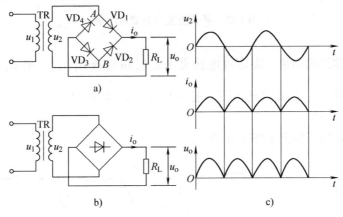

图1-24　桥式整流电路工作原理

2）特点。

①R_L上的直流电压和电流 $U_o \approx 0.9U_2$。

②整流元件的选择 $I_F > I_D$（即二极管的最大整流电流应大于通过二极管的电流），$U_{RL} > \sqrt{2}U_2$。

③桥式整流电路具有变压器利用率高、平均直流电压高、整流元件承受的反压较低等优点，故应用广泛。

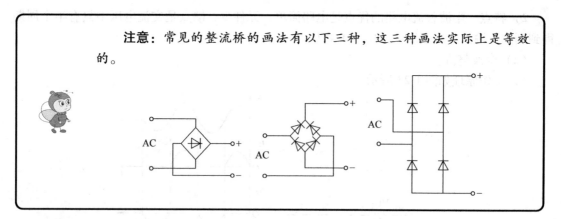

注意： 常见的整流桥的画法有以下三种，这三种画法实际上是等效的。

2. 滤波电路

（1）电容滤波电路。

1）滤波电路及原理如图 1-25 所示。

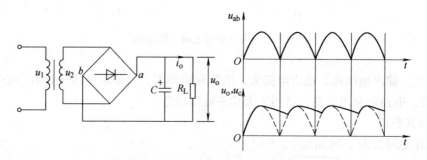

图 1-25 桥式整流电容滤波电路

2）特点。电路结构简单，决定放电快慢的是时间常数 R_LC，一般 $R_LC \geqslant (3 \sim 5)\dfrac{T}{2}$（$T$ 指交流电压的周期），输出直流电压一般为 $U_o = (1 \sim 1.2)U_2$。

（2）电感滤波电路。

1）电感滤波电路及原理如图 1-26 所示。

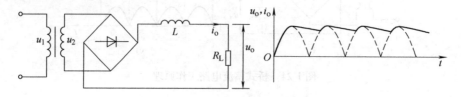

图 1-26 桥式整流电感滤波电路

2）特点。通过二极管的电流不会出现瞬间值过大，当不考虑 L 的直流电阻时，L 对直流无影响，对交流起分压作用，因 L 的直流电阻很小，负载上得到的输出电压和纯电阻负载相同。

四、稳压管并联型稳压电路

1. 稳压电路（见图 1-27）

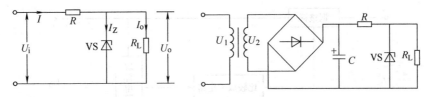

图 1-27　稳压管稳压电路

2. 稳压原理

（1）电网电压波动使 U_i 变化时的稳压过程。

$$U_i \uparrow \rightarrow U_o \uparrow \rightarrow I_z \uparrow \rightarrow I \uparrow \rightarrow U_R \uparrow$$
$$U_o \downarrow \underline{\hspace{8cm}}$$

（2）负载电流 I_o（负载电阻 R_L）变化时的稳压过程。

$$I_o \uparrow \rightarrow I \uparrow \rightarrow U_R \uparrow \rightarrow U_o \downarrow \rightarrow I_z \downarrow \rightarrow I \downarrow \rightarrow U_R \downarrow$$
$$U_o \uparrow \underline{\hspace{8cm}}$$

3. 稳压管稳压电路的特点

优点是电路简单，工作可靠，稳压效果也较好。缺点是输出电压的大小要由稳压管的稳压值来决定，不能根据需要加以调节；负载电流 I_o 变化时，要靠 I_z 的变化来补偿，而 I_z 的变化范围仅在 I_{zmin} 和 I_{zmax} 之间，负载变化小；再是电压稳定度不够高，动态内阻还比较大（约几欧到几十欧姆）。

4. 限流电阻的计算

选择限流电阻应遵从的条件为：$I_{zmin} < I_z < I_{zmax}$，限流电阻 R 应在其可选的最大值与最小值之间选取。

$$\frac{U_{imax} - U_z}{I_{zmax} + U_{omin}} \leqslant R \leqslant \frac{U_{imin} - U_z}{I_{zmin} + U_{omin}}$$

五、串联型稳压电源

1. 电路组成（见图 1-28、图 1-29）

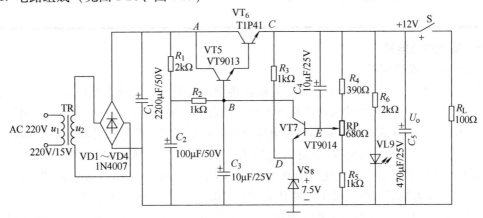

图 1-28　串联型直流稳压电源

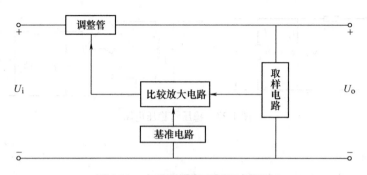

图 1-29　串联型稳压电源组成框图

2. 稳压过程

输出电压 U_o 上升。

$$U_o \uparrow \rightarrow U_{B7} \uparrow \rightarrow U_{BE7} \uparrow \rightarrow I_{C7} \uparrow \rightarrow U_{C7}（U_{B5}）\downarrow \rightarrow U_o \downarrow$$

输出电压降低。

$$U_o \downarrow \rightarrow U_{B7} \downarrow \rightarrow U_{BE7} \downarrow \rightarrow I_{C7} \downarrow \rightarrow U_{C7}（U_{B5}）\uparrow \rightarrow U_o \uparrow$$

3. 输出电压的调节

调节 RP 可以调节输出电压 U_o 的大小，使其在一定的范围内变化。忽略晶体管 VT7 的基极电流，当 RP 滑动触点移至最上端时：

$$U_{omin} = \frac{R_4 + R_{RP} + R_5}{R_{RP} + R_5}（U_{BE7} + U_Z）$$

当 RP 滑动触点移至最下端时：

$$U_{omax} = \frac{R_4 + R_{RP} + R_5}{R_5}（U_{BE7} + U_Z）$$

注意：输出电压 U_o 的调节是有限的，其最大值不可能调到输入电压 U_i，最小值不可能调到零。

六、集成稳压电源

1. 固定式三端稳压器

固定式三端稳压器有输入端、输出端和公共端三个引出端。此类稳压器属于串联调整式，除了基准、取样、比较放大和调整环节外，还有较完整的保护电路。常用的 CW78×× 系列是正电压输出，CW79×× 系列是负电压输出。根据国标其型号意义如图 1-30 所示。

固定式三端稳压器的每类中输出电压有 5V、6V、7V、8V、9V、10V、11V、12V、15V、18V、24V 等 11 种，输出电流有 0.1A（用 L 表示）、0.3A（用 N 表示）、0.5A（用 M 表示）、1.5A（无尾缀字母）、5A（用 H 表示）、10A（用 P 表示）等品种。

例如，CW78M18，该型号说明为国产、三端固定式正电压稳压器，最大输出电流为 500mA，输出电压为 18V。LM7905 为美国国家半导体公司生产的 -5V 稳压器，最大输出电流为 1.5A。CW78×× 系列和 CW79×× 系列在装有足够大的散热器时，耗散功率可达

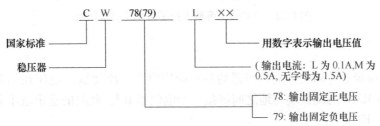

图 1-30　固定式三端稳压器外形及型号意义

15W。

　　图 1-31 为固定式三端稳压器的基本应用电路。图中，输入端电容 C_1 用于减小输入电压的脉动和防止过电压；输出端电容 C_2 用于削弱电路的高频干扰，并具有消振作用。为保证稳压器正常工作，输入电压至少大于输出电压 2～3V。

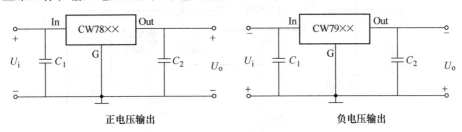

图 1-31　固定式三端稳压器的基本应用电路

　　2. 可调式三端稳压器

　　这类稳压器的输出电压可调，稳压精度高，且输出纹波小，只需外接两只不同阻值的电阻，就可获得各种输出电压（见图 1-32）。它是集成稳压器的所谓"第二代"三端式集成稳压器。国产的输出正电压的为 CW117 系列（有 CW117、CW217、CW317），输出负电压的为 CW137 系列（有 CW137、CW237、CW337）。

　　三端输出可调式稳压器分类较简单，一般分为三端正电压可调式和三端负电压可调式稳压器。三端正电压可调稳压器输出电压在 1.2～37V 左右。每类按其输出电流能力又分为 0.1A、0.5A、1A、1.5A、3A、5A、10A 等。例如，LM317L 输出电压 1.2～37V，输出电流 0.1A；LM317M 输出电压 1.2～37V，输出电流 0.5A；LM317 输出电压 1.2～37V，输出电流 1.5A；负电压输出的 LM337L 输出电压 −1.2～−37V，输出电流为 0.1A；LM337M 输出电压 −1.2～−37V，输出电流为 0.5A；LM337 输出电压为 −1.2～−37V，输出电流为 1.5A

图 1-32　三端输出可调式稳压器及其引脚排列

等。

　　如图 1-33 所示为可调式三端稳压器的基本应用电路，能使输出电压在 1.25～37V 之间连续可调。在 LM317 的调整端与地之间需接一个电位器 RP，此时的输出电压为 R_1 和 RP 两端的电压之和。即

$$U_o = U_{R1} + U_{RP}$$

式中 $U_{R1} = 1.25V$；LM317 调整端输出的电流很小，忽略不计，得

$$U_o \approx 1.25(1 + R_{RP}/R_1)V$$

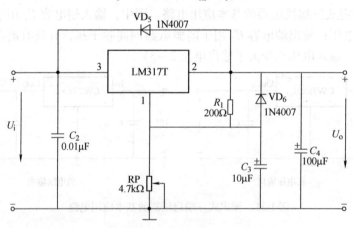

图 1-33　可调式三端稳压器

　　所以改变 RP 的阻值可以改变输出电压的大小。当 $R_1 = 120\Omega$，$R_{RP} = 4.7k\Omega$ 时，能实现输出电压在 1.25～37V 之间连续可调。为了加强滤波效应，在 LM317 靠近输入端处接一只 0.01μF 的滤波电容 C_2。接在调整端和地之间的电容器 C_3 用来滤除 RP 两端的交流分量，使得输出电压脉动程度明显降低。VD_5 是保护二极管，用来防止当输入端发生短路时，因 C_4 放电而造成稳压管内部调整管的损坏。VD_6 也是保护二极管，当接上电容 C_3 后，可以减小输出端的纹波电压，但一旦输出端短路，电容 C_3 就会通过稳压器的调整端向输出端放电，正常情况下，VD_6 反偏，不起作用，当输出端出现短路时，VD_6 因正偏而导通，为 C_3 提供了放电回路，从而保护了放大管。

任务分析

本任务的电路原理图如图 1-34 所示，可用图 1-35 所示的方框图来表示。

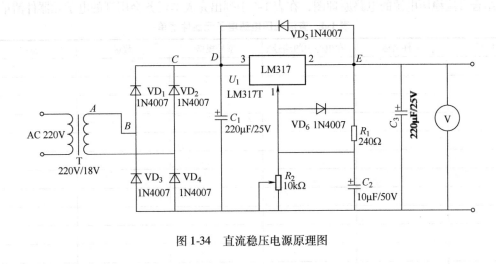

图 1-34　直流稳压电源原理图

图 1-35　直流稳压电源的组成

1. 电源变压器

电网提供的交流电一般为 220V（或 380V），而各种电子产品所需直流电压的幅值却各有不同。因此，常常需要将电网电压先经过电源变压器，然后将变换以后的次级电压再去整流、滤波和稳压，最后得到所需的直流电压值。本任务要求输出电压 1.25～22V 可调，所以选用次级电压为 18V 的电源变压器。

2. 整流电路

整流电路是将 18V 交流电转换为单向的脉动直流电，利用四个二极管 1N4007 的单向导电性。1N4007 整流管的参数为 $I_F = 1A$，$U_{RM} = 1000V$，$I_R \leqslant 5\mu A$，因而可完全满足需求。

3. 滤波电路

利用电容器的充放电现象，即可将单向脉动电压中的脉动成分滤掉，使输出电压成为比较平滑的电压。在选择滤波电容时一是要考虑容量大小，二是要考虑耐压值。滤波电容的容量越大，滤波效果就越好，但容量值越大，电容器的价格就越高，体积也越大，在使用时要综合考虑。电容器的耐压值应高于理论计算值的 $9\sqrt{2}V$，且要留有一定余量。本任务中电容 C_1 容量 220μF，耐压值 25V。

4. 稳压电路

采用了可调式三端稳压器 LM317T，C_2 是用来滤除 R_2 两端的交流分量，而 VD$_5$ 和 VD$_6$ 都是保护二极管。调节 R_2，就可以使输出电压在 1.25～22V 之间连续可调。

任务实施

一、电路装配准备

结合直流稳压电源的电路原理图，在表1-4中列出完成本任务会用到的电子元器件清单。

表1-4　直流稳压电源电子元器件清单

序号	元件名称	在电路中的编号	型号规格	数量	备注

二、元器件的检测与筛选

1. 外观质量检查

电子元器件应完整无损，各种型号、规格、标志应清晰、牢固。

2. 元器件的测试

（1）电阻器的测量和质量判别（见表1-5）。

表1-5　电阻器的测量和质量判别

图　示	测量步骤与质量判别	注意事项
固定电阻	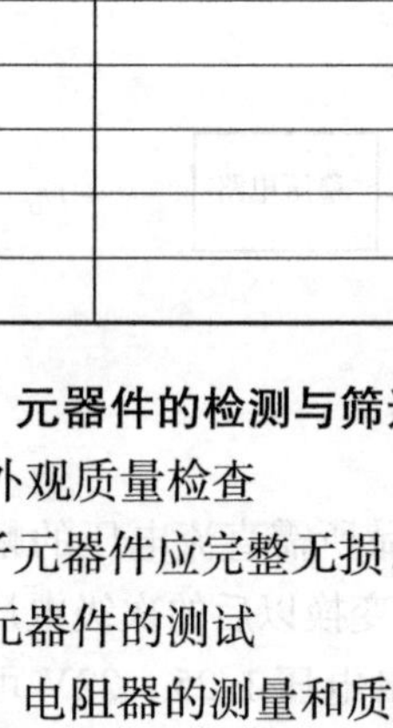 测量电阻器的阻值时，应根据电阻值的大小选择合适的量程。把万用表调至电阻档，一手拿电阻，一手拿表笔，如左图示	①测量时手指不要碰触被测固定电阻器的两根引出线，避免人体电阻影响测量精度 ②每次换档指针式万用表要欧姆调零 ③对于指针式万用表，应尽可能使表针落在刻度盘的中间段，以提高测量精度 ④若电阻引线或内部有缺陷，以致接触不良时，用手轻轻摇动引线，可发现松动现象，这时指示不稳定

（续）

	图　　示	测量步骤与质量判别	注意事项
固定电阻	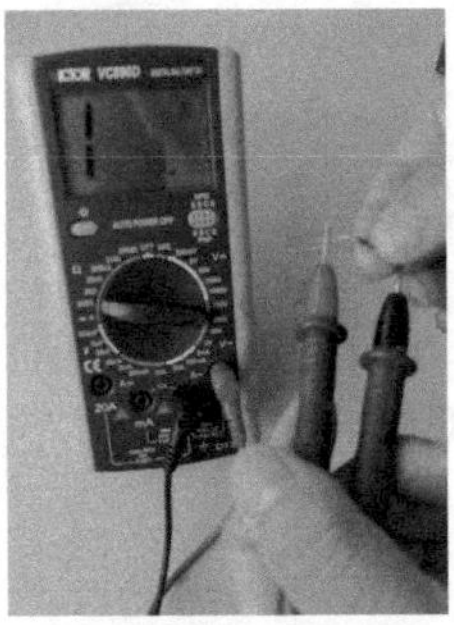	这时应该把量程调大	①测量时手指不要碰触被测固定电阻器的两根引出线，避免人体电阻影响测量精度 ②每次换档指针式万用表要欧姆调零 ③对于指针式万用表，应尽可能使表针落在刻度盘的中间段，以提高测量精度 ④若电阻引线或内部有缺陷，以致接触不良时，用手轻轻摇动引线，可发现松动现象，这时指示不稳定
		这时应该把量程调小	
电位器		从外观上识别电位器，首先要检查引出端是否松动，转动旋柄时应感觉平滑，不应有过紧或过松现象；带开关的电位器其开关是否灵活，开关通断时是否清脆；此外要听一听电位器内部接触点和电阻体摩擦的声音，如有"沙沙"声，说明质量不好	必须先检查其外观，以及旋转轴的手感
	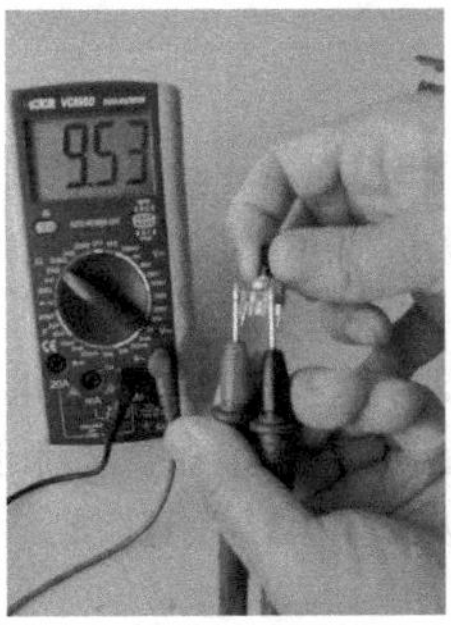	测量电位器阻值时，用万用表合适的电阻档测量电位器两定片之间的阻值，其读数应为实际阻值	一般碳膜电位器的精度较低（偏差为5%、10%、20%），金属膜电位器的精度高（偏差为0.1%～1%），而线绕电位器的精度可高达0.05%，通过测量所得的实际阻值与标称阻值比较可判断其是否合格可用

（续）

图　示	测量步骤与质量判别	注意事项
电位器	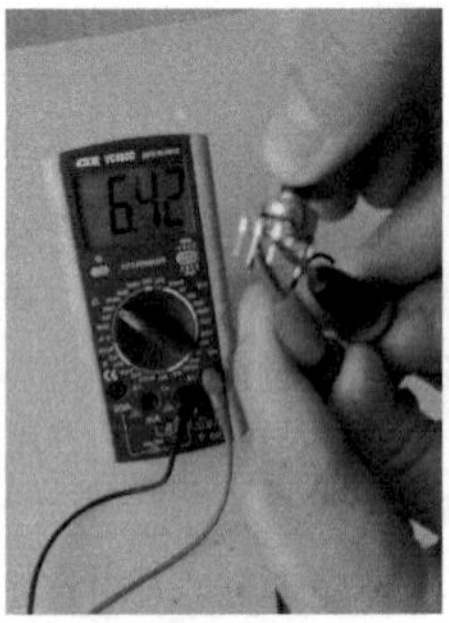 　　检查电位器的动片与电阻体的接触是否良好。用万用表笔接电位器的动片和任一定片，并反复缓慢地旋转电位器，观察万用表的指针是否连续、均匀地变化，其阻值应在0到标称阻值之间连续变化，如果变化不连续，说明电位器接触不良	要反复缓慢地旋转电位器，仔细观察指针变化情况
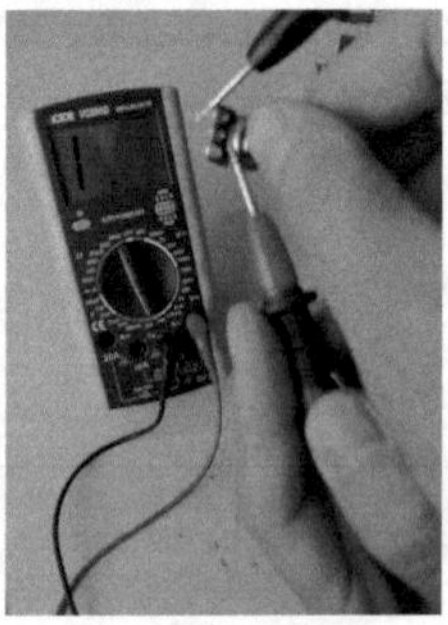	检查电位器各引脚与外壳及旋转轴之间的绝缘电阻，是否为无穷大，否则说明有漏电现象	这项检查容易被忽略，一定要检查电位器的绝缘状况

（2）电容的检测（见表1-6）。

　　指针式万用表与数字式万用表的基本测量功能大致相同。指针式万用表在测量过程中可以看到数值的动态变化。数字式万用表的测量结果更为精确一些。

表1-6　电容的检测

图　示	测量步骤与质量判别	注意事项
漏电电阻的测量	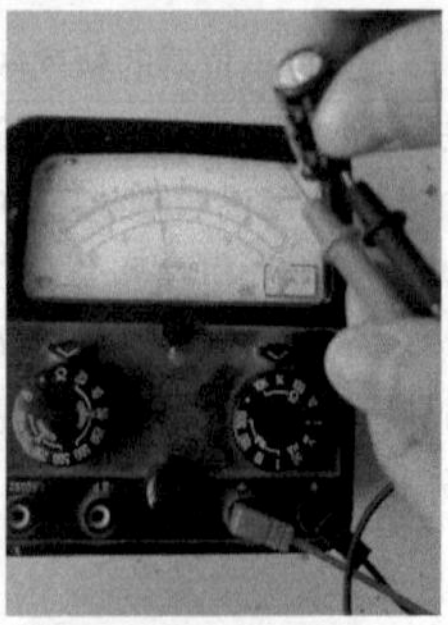 　　用万用表的欧姆档（R×10k 或 R×1k 档，视电容器的容量而定，容量大则选小一些的档），当两表笔分别接触电容器的两根引线时，表针首先朝顺时针方向（R 为零的方向）摆动，然后又慢慢地反方向退回到 ∞ 位置的附近	①当表针静止时所指的刻度距无穷大较远时，表明电容器漏电严重，不能正常使用了 ②有的电容器在测漏电电阻时，表针退回到 ∞ 位置时，又顺时针摆动，这表明电容器漏电更严重

（续）

图　示	测量步骤与质量判别	注意事项
断路测试	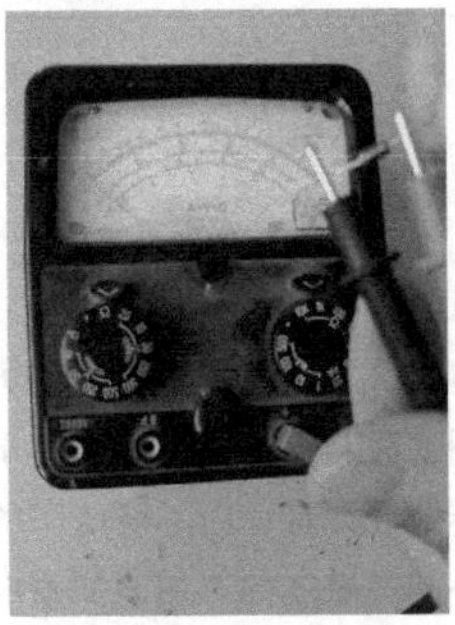 　　用万用表的两表笔分别接触电容器的两根引线（测试时，手不能同时碰触两根引线），如表针不动，将表针对调后再测，若表针仍不动，则说明电容器断路。 　　对于 $0.01\mu F$ 以下的小容量电容器用万用表不能判断其是否断路，只能用其他仪表进行鉴别（如 Q 表等）	用万用表测试 $0.01\mu F$ 以上的电容器时，必须根据电容器容量的大小，选择合适的量程，如 $300\mu F$ 以上：R×10 或 R×1 档；$10\sim300\mu F$：R×100 档；$0.47\sim10\mu F$：R×1k 档；$0.01\sim0.47\mu F$：R×10k 档
短路测试	 　　用万用表的欧姆档，将两表笔分别接触电容器的两根引线，如表针指示阻值很小或为零，而且表针不再退回，则说明电容器已被击穿短路	当测试电解电容器时，要根据电容器容量的大小，适当选择量程，容量越小，量程越要选小，否则就会把电容器的充电误认为是击穿
极性判断	 　　用万用表测量电解电容器的漏电电阻，并记下这个阻值的大小，然后将红黑表笔对调再测电容器的漏电电阻，将两次所测得的阻值对比，漏电电阻小的那一次，黑表笔所接触的就是负极	
可变电容器	 　　用万用表的欧姆档（R×1）测量动片与定片之间的绝缘电阻，即用红黑表笔分别接触动片、定片，然后慢慢旋转动片，如转到某一位置时，阻值为零，则表明有碰片短路现象，应予以排除，然后再使用。如将动片全部旋进与旋出，阻值均为无穷大，则表明可变电容器良好	对可变电容器主要是测其是否发生碰片短路现象

（3）二极管的检测（见表1-7）。

表 1-7　二极管的检测

	图示	测量步骤与质量判别	注意事项
普通二极管的极性及质量测试	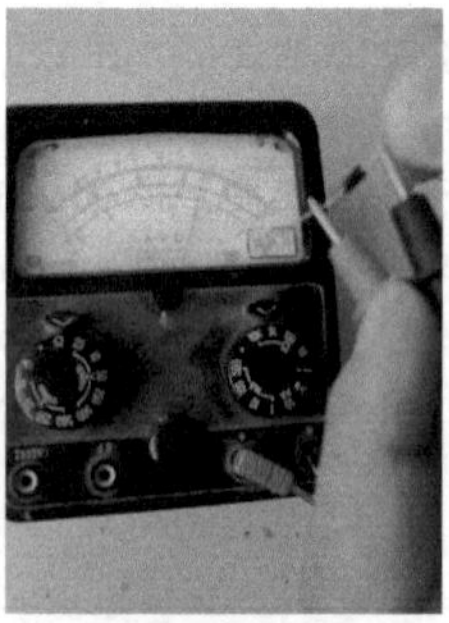 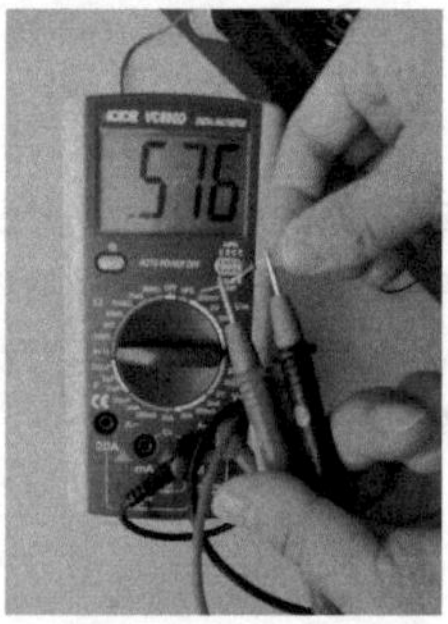	将万用表的红表笔接二极管的阴极，黑表笔接二极管的阳极，测得的是正向电阻，将红、黑表笔对调，测得的是反向电阻 　对于小功率锗二极管，正向电阻一般在 100～1000Ω 之间；对于硅二极管，正向电阻一般在几百到几千欧姆之间。反向电阻，不论是硅管还是锗管，一般都在几百千欧姆以上，而且硅管比锗管大	鉴别二极管好坏最简单的方法是用万用表测其正反向电阻。由于二极管是非线性元件，用不同倍率的欧姆档或不同灵敏度的万用表测量时，所得到的数据是不同的，但是正、反向电阻相差几百倍的规律是不变的 　测试时，要根据二极管的功率大小、不同的种类，选择不同倍率的欧姆档。小功率二极管一般选用 R×100 或 R×1k 档，中、大功率二极管一般选用 R×1 或 R×10 档
	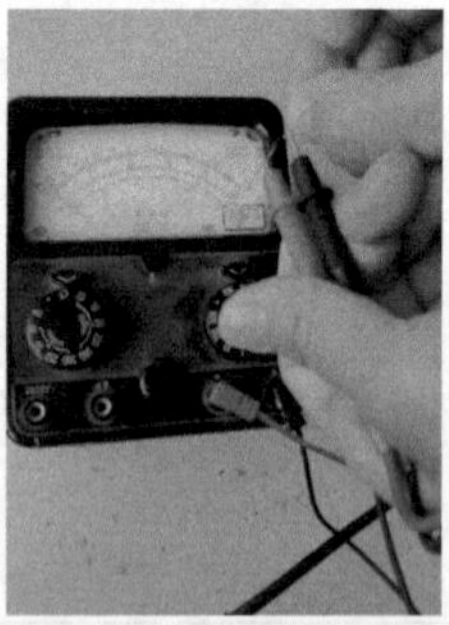 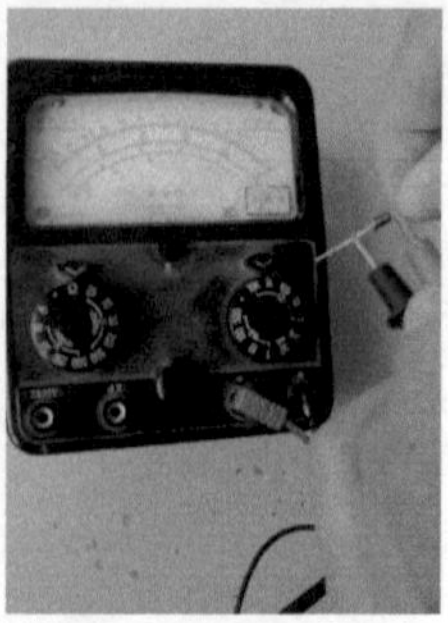	如果测得的正向电阻为无穷大，即表针不动时，则说明二极管内部断路 　如果测得的反向电阻近似为 0Ω 时，则说明管子内部击穿 　如果二极管的正、反向电阻相差太小，则说明其性能变坏或失效	**三种情况的二极管都不能使用**

（续）

	图示	测量步骤与质量判别	注意事项
稳压二极管测试		稳压二极管与普通二极管的区别：将万用表拨至 R×10k 档，黑表笔接二极管的负极，红表笔接二极管的正极，若此时测得的反向电阻变得很小，说明该管为稳压管，反之测得的反向电阻仍很大，说明该管为普通二极管	稳压二极管在反向击穿前的导电特性与一般二极管相似，因而可以通过检测正反向电阻的方法来判别极性
发光二极管的测试	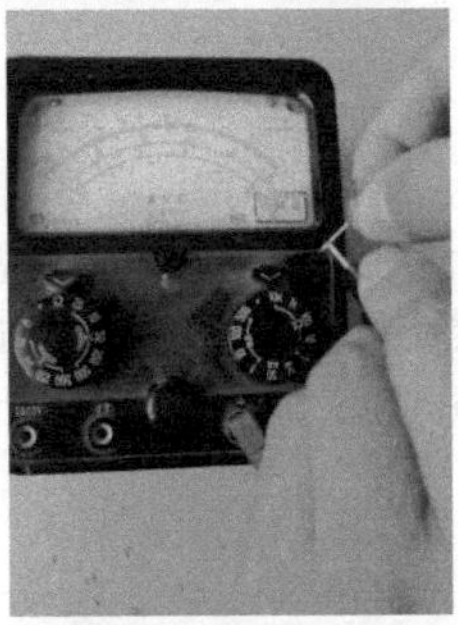 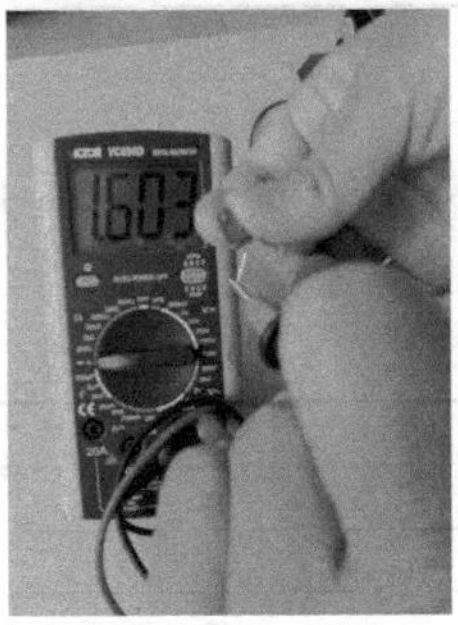	发光二极管可用万用表的 R×10k 档测量其正、反向电阻，当正向电阻小于 50kΩ、反向电阻大于 200kΩ 时均为正常。如果正、反向电阻均为无穷大则说明此管已损坏	若用数字万用表检测发光二极管，可看出不同颜色的二极管压降不同

（4）电源变压器的检测（见表1-8）。

表1-8　电源变压器的检测

	图　示	测量步骤与质量判别	注意事项
外观检查	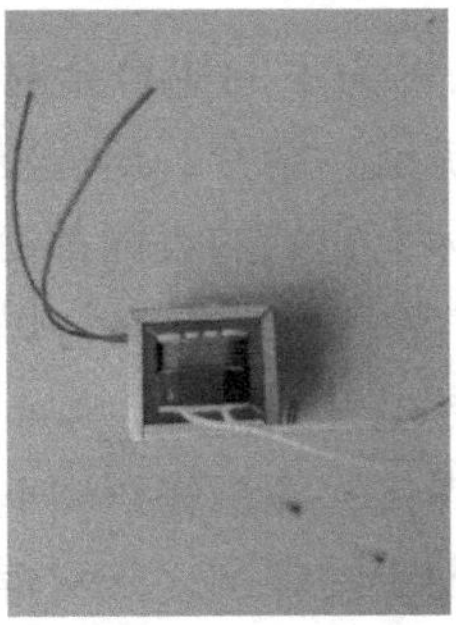	首先观察变压器的外貌，检查其是否有明显异常现象。例如绝缘材料是否有烧焦的痕迹，线圈的引线是否脱焊、断裂，铁心的紧固螺杆是否有松动现象，硅钢片有无锈蚀情况，绕组线圈是否有外露现象等	

（续）

	图　示	测量步骤与质量判别	注意事项
检测线圈绕组的通断	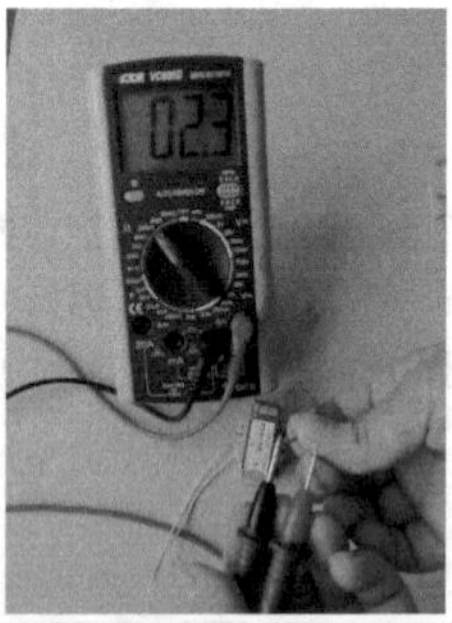	将指针式万用表置于 R×1 档或者 R×10 档，分别测试各个绕组的通断情况。在测试中，若发现某个绕组的电阻值为无穷大（如果使用数字式万用表则应该将万用表置于 200Ω 或者 2kΩ 电阻档，显示溢出符号"1"），则说明此绕组断路	
绝缘性能的测试	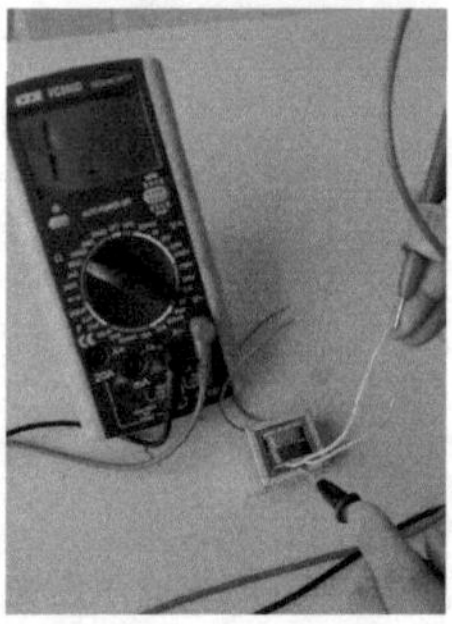	用指针式万用表 R×10k 档分别测量铁心与一次侧，一次侧与各二次侧，铁心与各二次侧，静电屏层与一次侧，二次侧以及二次侧各绕组之间的电值，万用表均应指示电阻值为"无穷大"，否则，说明变压器绝缘性能不良	如果使用数字式万用表则应该将万用表置于 200Ω 或者 2kΩ 电阻档，显示溢出符号"1"

（5）LM317T 的检测（见表 1-9）。

可用万用表的电阻档测量各引脚之间的电阻值，由此判断其好坏。表 1-9 列出了用 500 型万用表 R×1k 档测量的 LM317T 各引脚间的电阻值。

表 1-9　LM317T 各引脚间的电阻值

红表笔所接引脚	黑表笔所接引脚	正常电阻值（kΩ）
输入	调整	∞
输出	调整	∞
调整	输入	∞
调整	输出	约17MΩ
输入	输出	∞
输出	输入	约9MΩ

三、电路组装与焊接

1. 焊接原理

目前电子元器件的焊接主要采用锡焊技术。锡焊技术采用以锡为主的锡合金材料作焊料，在一定温度下焊锡熔化，金属焊件与锡原子之间相互吸引、扩散、结合，形成浸润的结合层。外表看来印制电路板铜铂及元器件引线都是很光滑的，实际上它们的表面都有很多微小的凹凸间隙，熔流态的锡焊料借助于毛细管吸力沿焊件表面扩散，形成焊料与焊件的浸润，把元器件与印刷电路板牢固地黏合在一起，而且具有良好的导电性能。

锡焊接的条件：焊件表面应是清洁的，油垢、锈斑都会影响焊接；能被锡焊料润湿的金属才具有可焊性，对黄铜等表面易于生成氧化膜的材料，可以借助于助焊剂，先对焊件表面进行镀锡浸润后，再行焊接；要有适当的加热温度，使焊锡料具有一定的流动性，才可以达到焊牢的目的，但温度也不可过高，过高时容易形成氧化膜而影响焊接质量。

2. 电烙铁

手工焊接的主要工具是电烙铁（见图1-36）。电烙铁的种类很多，有直热式、感应式、储能式及调温式多种，电功率有15W、20W、35W……300W多种，主要根据焊件大小来决定。一般元器件的焊接以20W内热式电烙铁为宜；焊接集成电路及易损元器件时可以采用储能式电烙铁；焊接大焊件时可用150～300W大功率外热式电烙铁。小功率电烙铁的烙铁头温度一般在300～400℃之间。

烙铁头一般采用纯铜材料制造。为保护在焊接的高温条件下不被氧化生锈，常将烙铁头经电镀处理，有的烙铁头还采用不易氧化的合金材料制成。新的烙铁头在正式焊接前应先进行镀锡处理。方法是将烙铁头用细砂纸打磨干净，然后浸入松香水，沾上焊锡在硬物（例如木板）上反复研磨，使烙铁头各个面全部镀锡。若使用时间很长，烙铁头已经氧化时，要用小锉刀轻锉去表面氧化层，在露出

图1-36　电烙铁

纯铜的光亮后用同新烙铁头镀锡的方法一样进行处理。当仅使用一把电烙铁时，可以利用烙铁头插入烙铁心深浅不同的方法调节烙铁头的温度。烙铁头从烙铁心拉出的越长，烙铁头的温度相对越低，反之温度就越高。也可以利用更换烙铁头的大小及形状来达到调节烙铁头温度的目的。烙铁头越细，温度越高；烙铁头越粗，温度越低。

根据所焊元件种类可以选择适当形状的烙铁头。烙铁头的顶端形状有圆锥形、斜面椭圆形及凿形等多种。焊小焊点可以采用圆锥形的，焊较大焊点可以采用凿形或圆柱形的。

还有一种吸锡电烙铁，是在直热式电烙铁上增加了吸锡机构构成的。在电路中对元器件拆焊时要用到这种电烙铁。

3. 手工焊接操作工艺

（1）掌握好电烙铁的温度和焊接时间，选择恰当的烙铁头和焊点的接触位置，才可能得到良好的焊点。正确的手工焊接操作过程可以分成五个步骤。

1）步骤一：准备施焊（图1-37a）。左手拿焊丝，右手握烙铁，进入备焊状态。要求烙铁头保持干净，无焊渣等氧化物，并在表面镀有一层焊锡。

2）步骤二：加热焊件（图1-37b）。烙铁头靠在两焊件的连接处，加热整个焊件全体，时间大约为1～2s。对于在印制电路板上焊接元器件来说，要注意使烙铁头同时接触两个被焊接物。例如，图1-37b中的导线与接线柱、元器件引线与焊盘要同时均匀受热。

3）步骤三：送入焊丝（图1-37c）。焊件的焊接面被加热到一定温度时，焊锡丝从烙铁对面接触焊件。注意：不要把焊锡丝送到烙铁头上！

4）步骤四：移开焊丝（图1-37d）。当焊丝熔化一定量后，立即向左上45°方向移开焊丝。

5）步骤五：移开烙铁（图1-37e）。焊锡浸润焊盘和焊件的施焊部位以后，向右上45°方向移开烙铁，结束焊接。从第三步开始到第五步结束，时间大约也是1～2s。

（2）焊接的注意要点。

1）保持烙铁头的清洁。

2）靠增加接触面积来加快传热。

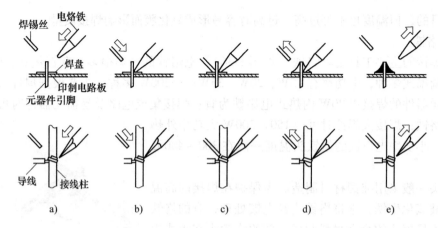

图 1-37　焊接五步法

a）步骤一　b）步骤二　c）步骤三　d）步骤四　e）步骤五

3）加热要靠焊锡桥。

4）烙铁撤离有讲究。烙铁的撤离要及时，而且撤离时的角度和方向与焊点的形成有关。图 1-38 所示为烙铁不同的撤离方向对焊点锡量的影响。

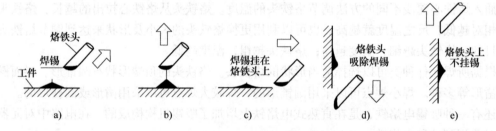

图 1-38　烙铁不同的撤离方向对焊点锡量的影响

a）沿烙铁轴向 45°撤离　b）向上方撤离　c）水平方向撤离　d）垂直向下撤离　e）垂直向上撤离

5）在焊锡凝固之前不能动。

6）焊锡用量要适中。

7）焊剂用量要适中。

8）不要使用烙铁头作为运送焊锡的工具。

（3）理想焊点的外观。

1）形状为近似圆锥而表面稍微凹陷，呈漫坡状，以焊接导线为中心，对称成裙形展开。虚焊点的表面往往向外凸出，可以鉴别出来。

2）焊点上，焊料的连接面呈凹形自然过渡，焊锡和焊件的交界处平滑，接触角尽可能小。

3）表面平滑，有金属光泽。

4）无裂纹、针孔、夹渣。

4. 阅读电子产品设计文件和使用说明书

（1）设计文件。设计文件一般包括电路图、印制电路板装配图、安装图、框图、接线图及设计说明书等资料。

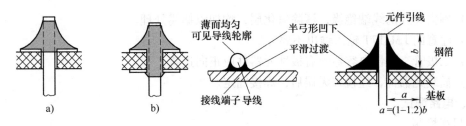

图 1-39　标准焊点
a) 单面板　b) 双面板

1）电路图。电路图是详细说明产品中各元器件、各单元之间的工作原理及其相互之间连接关系的略图，是设计、编制接线图和研究产品的原始资料。在装接、检查、试验、调整和使用产品时，电路图与接线图一起使用。电路图应按国家标准绘制。

在电路图中，根据产品的基本工作原理，一般按照自左向右把图形符号排成一行或数行，或者自上而下把图形符号排成一列或数列，且遵循：图面紧凑清晰、便于阅读、顺序合理、连接线短和交叉最少的原则。

2）印制电路板装配图。印制电路板装配图（以下简称装配图）是用来表示元器件及零部件、整件与印制电路板（PCB）连接关系的图样。装配图的绘制要求如下：装配图上的元器件一般用图形符号表示，有时也可用简化的外形轮廓表示。采用外形轮廓表示时，应标明与装配方向有关的符号、代号和文字等。

3）安装图。安装图是指导产品及其组成部分在使用地点进行安装的完整图样。其中包括：产品及安装用件（包括材料的轮廓图形），安装尺寸及和其他产品连接的位置与尺寸，安装说明（对安装需用的元器件、材料和安装要求等加以说明）。制图中，一般未标明尺寸的单位为毫米（mm）。

4）框图。框图用来反映成套设备、整件和各个组成部分及它们在电气性能方面的基本作用原理和顺序。分机、整机或构件按其起作用和相互联系的先后次序，一般按自左至右、自上而下排成一行或数行画出。在矩形、正方形或图形符号上根据其主要作用标出它们的名称、代号、主要特性参数或主要元器件的型号等。

（2）使用说明书。产品的使用说明书是电子产品必备的技术文件之一。它为用户提供使用指导，使之安全、正确地使用产品，它对打开产品销路，提高产品信誉具有十分重要的意义。由于产品说明书所介绍的产品，一般都已定型并投入批量生产，技术较成熟，数据较可靠，因此许多技术人员将其作为技术情报的来源之一。产品说明书通常包括以下几点。

1）概述。介绍企业概况、产品特点、原理和使用范围等。

2）技术指标。一般给出技术数据。

3）电路原理图和印制电路板图，并对电路原理进行介绍。

4）使用方法。按操作顺序，详细、明确地介绍使用方法，必要时用图示配合说明。

5）整机装配元器件表。用表列出元器件的名称、规格及数量等。

6）保养、维修及使用注意事项。

7）订购有关事项。

四、电路的安装

（1）用万用表检测元器件的性能和好坏后，清除元件的氧化层，然后搪锡并引线成型。

28

（2）剥去导线的线端绝缘，清除氧化层，均加以搪锡处理。

（3）注意的 LM317T 输入输出不要弄反。

（4）二极管、极性电容器等有极性元器件应正向连接。

（5）插装元器件，经检查无误后，焊接固定。

五、电路调试

1. 目视检测

电路安装完成后，首先对照电路原理图检查各元器件有无错焊、漏焊和虚焊等情况，并判断接线是否正确，元器件的引脚是否连接正确，布线是否符合要求。

2. 通电检测

（1）检查各元器件有无错焊、漏焊和虚焊等情况，并判断接线是否正确。

（2）接通电源，观察有无异常现象，如是否有发热、冒烟等现象，发现异常立即断电，检查元件是否有错装、漏焊等现象。

（3）测试输出电压，边调整电位器 RP 边观察电压表，是否满足 1.2～37V 可调范围。

（4）按表 1-10 测试并记录（此表仅做参考，可根据情况更好地设计测试项目）。

表 1-10　调试记录

测试点	示波器波形	量　　程	测试结果	分　　析
	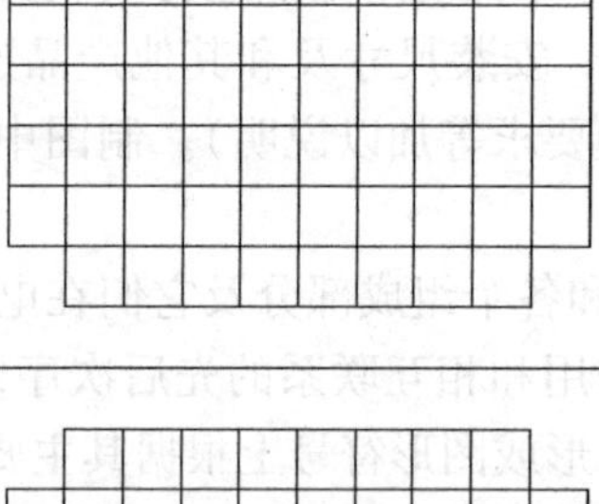			
	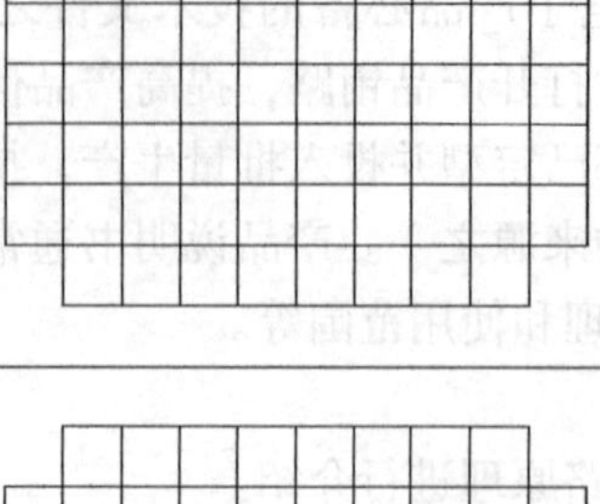			
	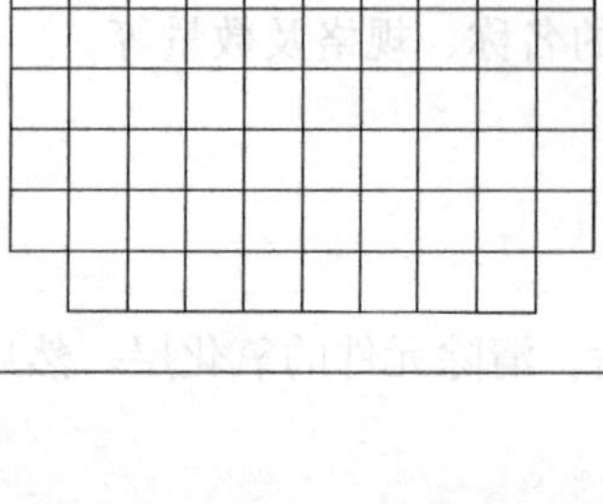			

（续）

测试点	示波器波形	量　　程	测试结果	分　　析
	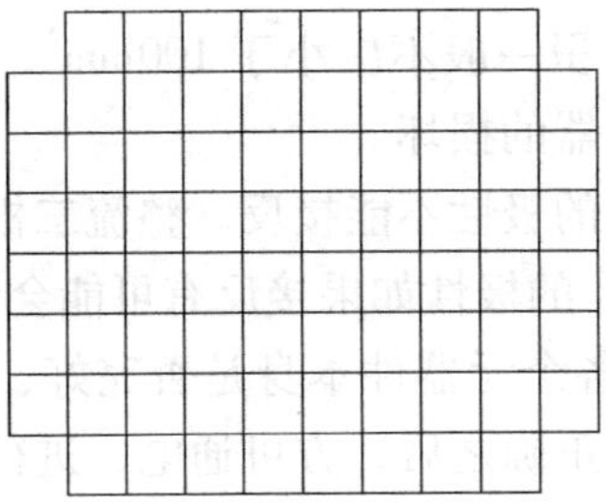			
	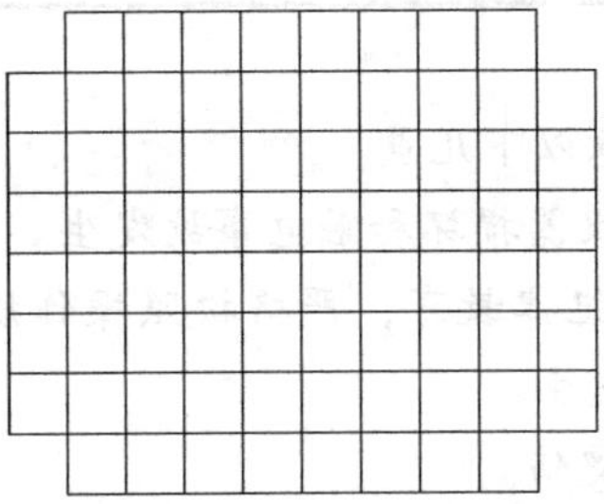			

若出现故障（或人为在电路的关键点设置故障点），对照电原理图，讨论并分析故障原因及解决办法，将讨论结果填至表 1-11。

表 1-11　故障检修

问　　题	基本原因	解决方法
变压器二次侧无电压		
整流输出电压小		
LM317T 输入端电压脉动大		
LM317T 输入端无电压		
LM317T 输出端无电压		
输出电压纹波大		

在安装调试中应注意以下问题。

1）严格区分输入端、输出端，防止弄错，一般当输出端电压高过输入端电压时，将会击穿集成块内的调整管。

2）稳压电路是依靠外接取样电阻来调节输出电压的，R_1 与 R_2 的连接正确与否将直接影响稳压性能，且输出端与取样电路连线应尽可能短。R_1 尽量接近调整端与输出端，R_2 的接地点应与负载电流返回的接地点相同，否则输出端大电流会在导线上和地线上产生附加压降，它们都会影响输出电压的稳定性。

3）散热器安装可靠后方能调试，以免造成稳压器的损坏。

4）当 R_2 调至 0Ω 时，输出电压为 1.25V；当 R_2 调至最大时，输出电压为 37V 左右。输入电压约为 40V，说明 LM317T 工作正常，就可进行性能参数测试了。

5）为了使集成稳压器的优良性能得到充分的发挥，保证稳压器正常工作，要将稳压器安装在适当的散热片上，如 LM317T 的散热面积一般不应小于 100mm²，而且不可使稳压器输入与输出的压差超过允许值，以免造成稳压器的损坏。

6）应特别注意 4 个整流二极管和电容 C_1 的极性不能接反。整流二极管如果接错可能会烧毁集成稳压器甚至烧毁电源变压器；电容 C_1 的极性如果接反有可能会使电容爆裂。

7）在外接电路全部接好后，应首先检查各个元器件本身是否完好，连接是否正确，有无虚焊、错焊或短路之处。在上述各点都检查正确之后，方可通电，进行下一步的检查与调试。

提示：
安装与调试过程中，应注意以下几点。
（1）安全用电，防止教学仪器损坏和触电事故发生。
（2）加强巡回检查和实训纪律教育，严格按照操作规程使用实训工具和设备，防止人身伤害事故发生。
（3）安全使用烙铁，以免烫伤。

六、实训报告要求

（1）画出 LM317T 可调直流稳压电源电路原理图。
（2）完成测试记录。
（3）分析 LM317T 可调直流稳压电源的组成，它们的作用是什么？

知识链接

常用仪器仪表

一、认识示波器

示波器的型号多种多样，其中无使用说明书的示波器占很大比例，这对于初次使用示波器的初学者十分不便。下面就如何操作无使用说明书的示波器做简单介绍。

1. 常见示波器面板功能键、钮的标示及作用（见图 1-40）

（1）POWER（电源开关）：接通或关断整机输入电源。

（2）FOCUS（聚焦）和 ASTIG（辅助聚焦）：常为套轴电位器，用于调整波形的清晰度。

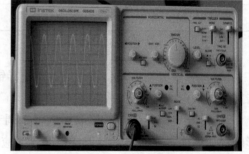

图 1-40　认识示波器

（3）ROTATION（扫描轨迹旋转控制）：调整此旋钮可以使光迹和坐标水平线平行。

（4）ILLUM（坐标刻度照明）：用于照亮内刻度坐标。

（5）A/B INTEN（A/B 亮度控制）：通常为套轴电位器，作用是调节 A 和 B 扫描光迹的亮度。

（6）CAL 0.5V$_{p-p}$（校正信号输出）：提供 0.5V$_{p-p}$ 且从 0 电平开始的正向方波电压，用于校正示波器。

（7）VOLTS/div（电压量程选择）：通常电压量程和幅度微调为套轴电位器，外调节旋钮是电压量程选择，转动此旋钮以改变电压量程；中间带开关的电位器为电压量程微调，顺时针旋到底为校正位置，逆时针调节，波形幅度，变化范围在电压/格两档之间。

（8）CH1 和 CH2（输入信号插座）：为示波器提供输入信号。

（9）AC GND DC（输入耦合开关）：用于选择输入信号的耦合方式。

（10）GRIG SEL（内同步选择）：按下此键，以 CH1 和 CH2 分别作为内同步信号源。

（11）CH POL（信号倒相）：按下此键，输入信号倒相 180°。

（12）VERTICAL MODE（垂直工作方式选择）：分别按下 CH1、CH2、ALT、COHP、ADD. X-Y 键，屏幕显示依次为 CH1、CH2、CH1 和 CH2 交替、CH1 和 CH2 断续、CH1 与 CH2 代数和、CH1 垂直/CH2 水平等方式。

（13）UNCAL（不校正指示）：当 CH1 和 CH2 电压量程微调不在校正位置时，对应的不校正指示灯点亮。

（14）TIME（扫描时间调整）：外旋钮调节 A 扫描速度，内旋钮调节 B 扫描速度。

（15）TRACE SEP（B 扫描微调和 A/B 扫描轨迹分离）：一般情况下，涂有红色的旋钮为 B 扫描微调，提供连续可变的非校正 B 扫描速度。

（16）DELAY TIME（扫描延迟时间调节）：选择 A 和 B 扫描启动之间的延迟时间。

（17）POSITION（水平位移控制）：使显示波形做水平位移。

（18）SWEEP MODE（触发同步方式）：其中 AUTO 为自动触发、NORM 为常态触发、HF 为高频触发、SINGLE 为单扫描触发。

（19）LEVEL HOLD OFF（电平和释抑调节）：是电平调节触发同步后，使信号同步稳定的辅助调节器。

（20）TRIG'D（触发同步状态指示）：一旦扫描电路被触发同步后，指示灯点亮。

（21）SLOPE（斜率开关）：选择触发信号的斜率，开关置"＋"时，扫描以触发信号的正斜率触发；开关置"－"时，扫描以触发信号的负向斜率触发。

（22）COUPLING（触发耦合开关）：决定扫描触发源的耦合方式。AC 为交流耦合、DC 为直流耦合、TV 为电视场/行同步耦合、HFREJ 为同步耦合。

（23）SOURCE（触发源选择开关）：INT 为 CH1 或 CH2 输入信号触发、LINE 为市电内电源触发、EXT 为外输入信号触发。

2. 一般使用方法

（1）获得基线：使用无使用说明书的示波器时，首先应调出一条很细的清晰水平基线，然后用探头进行测量，步骤如下。

1）预置面板各开关、旋钮。

2）亮度置适中位置，聚焦和辅助聚焦置适中位置，垂直输入耦合置"AC"，垂直电压量程选择置适当档位（如"5mV/div"），垂直工作方式选择置"CH1"，垂直灵敏度微调校正置"CAL",垂直通道同步源选择置中间位置,垂直位置置中间,A 和 B 扫描时间均置适当档位(如"0.5ms/div"),A 扫描时间微调置校准位置"CAL",水平位移置中间,扫描工作方式置"A",触发同步方式置"AUTO",斜率开关置"+",触发耦合开关置"AC",触发源选择置"INT"。

3)按下电源开关,电源指示灯亮。

4)调节 A 亮度聚焦等有关控制旋钮,可出现纤细明亮的扫描基线,调节基线使其位置于屏幕中间与水平坐标刻度基本重合。

5)调节轨迹旋转控制使基线与水平坐标平行。

(2)显示信号:一般示波器均有 $0.5V_{p-p}$ 标准方波信号输出口,调好基线后,即可将探头接入此插口,此时屏幕应显示一串方波信号,调节电压量程和扫描时间旋钮,方波的幅度和宽度应有变化,至此说明该示波器基本调整完毕,可以投入使用。

(3)测量信号:将测试线接入 CH1 或 CH2 输入插座,测试探头触及测试点,即可在示波器上观察波形。如果波形幅度太大或太小,可调整电压量程旋钮;如果波形周期显示不合适,可调整扫描速度旋钮。

二、认识信号发生器

信号发生器是指产生所需参数的电测试信号的仪器(见图 1-41)。信号发生器又称信号源或振荡器,在生产实践和科技领域中有着广泛的应用。各种波形曲线均可以用三角函数方程式来表示。能够产生多种波形,如三角波、锯齿波、矩形波(含方波)、正弦波的电路被称为函数信号发生器。除具有电压输出外,有的信号发生器还有功率输出,所以用途十分广泛,可用于测试或检修各种电子仪器设备中的低频放大器的频率特性、增益、通频带,也可用作高频信号发生器的外调制信号源。另外,在校准电子电压表时,它可提供交流信号电压。

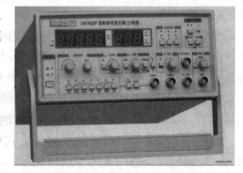

图 1-41 认识信号发生器

信号发生器的使用方法不再赘述,在使用过程中应注意以下几点。

1)接通电源前请先将以下开关弹出:电源开关、衰减开关、外测频开关(F2)、电平开关、扫频开关、占空比开关。

2)各输出、输入端口,不可接触交流供电电源。

3)各输出、输入端口,不可接触正负 30V 以上直流或交流电源。

4)输入端口尽量避免长时间短路(小于1min)或电流倒灌。

5)不可用连接线拖拉仪器。

6)为了确保仪器精度,请勿将强磁物体靠近仪器。

三、电路简单故障的排除方法

在电子电路调试过程中经常会出现电路故障的情况,可以通过观察对电路故障进行查找。通常有不通电和通电两种观察方式。对于新安装的电路,一般先进行不通电观察,主要借助万用表检查元器件、连线和接触不良等情况。若未发现问题,则可通电检查电路有无打火、冒烟、元器件过热、焦臭味等现象,此时注意力一定要集中,一旦发现异常现象，应马上关断电源并记住故障点，并对故障进行及时排除。故障排除的一般步骤为观察故障现象→判断故障范围→查找故障点→排除故障→检查电路功能。常用的故障排除方法如下。

（1）直观检查法：这是一种只靠检修人员的直观感觉，不用有关仪器来发现故障的方法。如观察元器件和连线有无脱焊、短路、烧焦等现象；触摸元器件是否发烫；调节开关、旋钮，看是否能够正常使用等。

（2）参数测量法：用万用表检测电路的各级直流电压、电流值，并与正常理论值（图样上的标定值或正常产品工作时的实测值）进行比较，从而发现故障。这是检修时最有效可行的一种方法。如测整机电流，若电流过大，则说明有短路性故障；反之，则说明有开路性故障。进一步测各部分单元电压或电源可查出哪一级电路不正常，从而找到故障的部位。

（3）电阻测量法：这种方法是在切断电源后，再用万用表的欧姆档测电路某两点间的电阻，从而检查出电路的通断。如检查开关触点是否接触良好、线圈内部是否断路、电容是否漏电、管子是否击穿等。

（4）信号寻迹法：信号寻迹法常用于检查放大级电路。用信号发生器对被检查电路输入一频率、幅度合适的信号，用示波器从前往后逐级观测各级信号波形是否正常或有无波形输出，从而发现故障的部位。

（5）替代法：通过以上分析故障的现象，用好的元器件替代被怀疑有问题的元器件来发现并排除故障。若故障消失，则说明被怀疑的元器件的确坏了，同时故障也排除了。

（6）短接旁路法：短路旁路法适用于检查交流信号传输过程中的电路故障。若短接后电路正常了，则说明故障在中间连线或插接环节。主要用于检查自激振荡及各种杂音的故障现象。将一电容（中高频部分用小电容，低频部分用大电容）一端接地，一端由后向前逐级并接到各测试点，使该点对地交流短路。若测到某一点时，故障消失，则说明故障部位就在这一点的前一级电路。

（7）电路分割法：有时，一个故障现象牵连电路较多而难以找到故障点。这时，可把有牵连的各部分电路逐步分割，缩小故障的检查范围，逐步逼近故障点。

评价标准（见表1-12）

表1-12　任务评分表

姓名：_____　学号：_____　合计得分：_____

内　容	考核要求	配分	评分标准	学生自评	小组评分	教师评分	综合
任务资讯掌握情况	（1）明确文字、图形符号意义、各元件的作用 （2）能熟练掌握直流稳压电源电路的工作原理并进行分析	10	（1）错误解释文字、图形符号意义，每个扣1分 （2）错误说明设备、元器件在电路中的作用，每个扣1分 （3）电路原理不清楚扣5分				

（续）

内 容		考核要求	配分	评分标准	学生自评	小组评分	教师评分	综合
电路安装准备	识别元器件	正确识别电阻、电容、二极管等电子元器件	5	（1）元器件型号每识错一个扣1分 （2）元器件规格每识错一个扣1分				
	选用仪器、仪表	（1）能详细列出元件、工具、耗材及使用仪器、仪表清单 （2）能正确使用仪器、仪表	5	（1）错误选择仪器、仪表扣3分 （2）使用方法不正确扣1分 （3）测试结果错误扣4分				
	选用工具	正确选择本任务所需工具、仪器、仪表等	5	（1）错误选择工具、器具类别、规格均扣1分 （2）使用方法不正确扣2分				
电路安装	元器件	元器件完好无损坏	5	一处不符合扣1分				
	焊接	无虚焊，焊点美观符合要求	10	一处不符合扣1分				
	接线	按图接线，接线牢固、规范，布线美观，横平竖直	10	一处不符合扣1分				
	安装	安装正确，完整	5	一处不符合扣1分				
电路调试	故障现象分析与判断	正确分析故障现象发生的原因，判断故障性质	5	（1）逻辑分析错误扣2分 （2）测试判断故障原因错误扣2分 （3）判断结果错误扣3分				
	故障处理	方法正确	5	（1）处理方法错误扣2分 （2）处理结果错误扣3分				
	波形测量	正确使用示波器测量波形，测量的结果要正确	5	一处不符合扣1分				
	电压测量	正确使用万用表测量波形，测量的结果要正确	5	一处不符合扣1分				
通电试运行		试运行一次成功	5	一次试运行不成功扣3分				
任务报告书完成情况		（1）语言表达准确，逻辑性强 （2）格式标准，内容充实、完整 （3）有详细的项目分析、制作调试过程及数据记录	10	根据完成质量评定				
安全与文明生产		（1）严格遵守实习生产操作规程 （2）安全生产无事故	5	（1）违反规程每一项扣2分 （2）操作现场不整洁扣2分 （3）不听指挥或误操作，发生严重设备和人身事故，取消考试资格				
职业素养		（1）学习、工作积极主动，遵时守纪 （2）团结协作精神好 （3）踏实勤奋，严谨求实	5					
合 计			100					

巩固提高

一、填空题

1. 二极管的主要特性是具有_____。

2. 物质按导电能力强弱可分为_____、_____和_____。

3. 本征半导体掺入微量的三价元素形成的是_____型半导体，其多子为_____。

4. 锗二极管的死区电压是_____V，硅二极管的死区电压是_____V。锗二极管导通时的饱和压降是_____V，硅二极管导通时的饱和压降是_____V。

5. 二极管 P 区引出端叫_____极或_____极，N 区的引出端叫_____极或_____极。

6. 发光二极管将_____信号转换成_____信号；光电二极管将_____信号转换成_____信号。

二、判断题

（　　）1. 半导体随温度的升高，电阻会增大。

（　　）2. PN 结正向偏置时电阻小，反向偏置时电阻大。

（　　）3. 二极管是线性元件。

（　　）4. 不论哪种类型的二极管，其正向电压都为 0.3V 左右。

（　　）5. 二极管加正向电压就一定导通。

（　　）6. 二极管只要工作在反向击穿区，一定会被击穿。

（　　）7. 光电二极管和发光二极管使用时都应接反向电压。

（　　）8. 用万用表测试晶体管好坏时，应选择欧姆档中比较大的量程。

三、选择题

1. PN 结最大的特点是具有（　　　　）。

A. 导电性　　　　　　B. 绝缘性　　　　　　C. 超导性　　　　　　D. 单向导电性

2. 最常用的半导体材料是（　　　　）。

A. 铜　　　　　　　　B. 硅　　　　　　　　C. 铝　　　　　　　　D. 硼

3. 用万用表 R×100 档来测试二极管，如果二极管（　　　　），说明管子是好的。

A. 正反向电阻都为零

B. 正反向电阻都为无穷大

C. 正向电阻为几百欧姆，反向电阻为几百千欧

D. 正反向电阻都为几百欧姆

4. 交通信号灯采用的是（　　　　）。

A. 发光二极管　　　　B. 光电二极管　　　　C. 变容二极管　　　　D. 整流二极管

5. 某单相桥式整流电路，变压器二次侧电压为 U_2，当负载开路时，整流输出电压为（　　　　）。

A. $0.9U_2$　　　　　　　　B. U_2　　　　　　　　C. $\sqrt{2}U_2$

6. 单相整流电路中，二极管承受的反向电压的最大值出现在二极管（　　　　）。

A. 截止时　　　　　　　　B. 导通时　　　　　　　　C. 由导通转截止时

7. 单相桥式整流电路中，每个二极管的平均电流等于（　　）。

A. 输出平均电流的 1/4　　　B. 输出平均电流的 1/2　　C. 输出的平均电流

8. 交流电通过单相整流电路后，得到的输出电压是（　　）。

A. 交流电压　　　　　　　B. 稳定的直流电压　　C. 脉动直流电压

9. 某单相桥式整流电路中，变压器二次侧电压为 U_2，则每只整流二极管所承受的最高反向电压是（　　）。

A. $0.9U_2$　　　　　　　　B. $\sqrt{2}U_2$　　　　　　　C. $2\sqrt{2}U_2$

10. 如图 1-42 所示，对于桥式整流电路，正确的接法是（　　）。

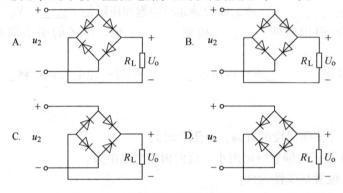

图 1-42　题 10 图

任务二　简易助听器的安装与调试

任务引入

在电子产品控制系统中，下面的控制方式被广泛地使用，掌握这种控制方式有助于对电子电路进行具体分析。

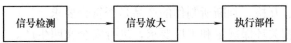

本次任务中的简易助听器的工作原理就是基于上述的控制思想。任务中信号检测采用高灵敏度话筒来完成声音信号的采集，将外界声信号转变为电信号，然后输入放大器经放大后送至耳机，耳机再将放大后的电信号还原为声音，而其中的核心部分放大器一般多采用晶体管放大电路实现输入信号的放大。

图 2-1 所示为本任务安装完成的成品，图 2-2 所示为本任务中采用的原理图。

图 2-1　简易助听器安装完成的成品

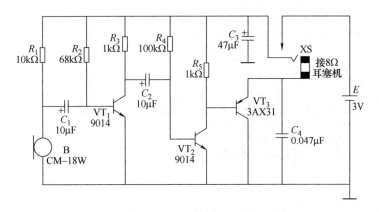

图 2-2　简易助听器原理图

学习目标

（1）能根据电路原理图，分析简易助听器电路的工作原理。
（2）能正确使用仪器仪表，并能进行维护保养。
（3）能列出电路所需的电子元器件清单。
（4）能对所选的电子元器件进行识别与检测，为下一步焊接做准备。
（5）能正确安装电子元器件。
（6）能合理、准确地焊接电路，避免错焊、漏焊、虚焊。
（7）能正确调试电路。
（8）能进行自检、互检，判断所制作的产品是否符合要求。
（9）能按照国家相关环保规定和工厂要求，进行安全文明生产。
（10）能按照实训工厂的规定填写交接班记录。

任务书

表 2-1　简易助听器的安装与调试任务书

时间：　　　　组别：　　　　姓名：

任务名称	简易助听器的安装与调试	学时	30 学时
任务描述	助听器是针对听障人士或上了年纪的老人设计的一种提高声音强度的装置，它可以帮助听力障碍人士充分利用残余听力，进而补偿听力损失。某简易助听器的主要技术指标和要求如下： （1）助听器的最大功率输出必须控制最大声输出以保护患耳 （2）频率范围至少在 300～3000Hz （3）焊接正确，可靠性好		
任务目标	（1）通过翻阅资料及教师指导，明确简易助听器的分类及其工作原理 （2）能正确画出简易助听器的装配图 （3）能识别与检测简易助听器中用到的电子元器件 （4）能正确安装与调试简易助听器 （5）能总结出完成任务过程中遇到的问题及解决的办法		
资讯内容	（1）日常生活中用到的助听器有几类？ （2）怎么画简易助听器的原理图？需要注意哪些问题？ （3）怎么识别元器件？需要用到哪些仪表？ （4）安装与调试电路需要注意哪些问题？		
参考资料	教材、网络及相关参考资料		
实施步骤	（1）分组讨论生活中用到的助听器类型及其应用 （2）分组讨论简易助听器原理图的画法及元器件清单的列表法并展示 （3）小组分工识别并检测简易助听器中所用到的电子元器件 （4）小组分工合作完成简易助听器的安装与调试 （5）小组推选代表展示成果，各小组互评 （6）教师总评、总结		
作业	（1）完成相关测量要求 （2）撰写总结报告，包括完成任务过程中遇到的问题及解决办法		

相关知识

一、认识晶体管

双极型晶体管（以下简称晶体管）是使用最为广泛的半导体元件。晶体管是由两个 PN 结构成的三端半导体器件。图 2-3 为常见的晶体管实物图片。

图 2-3　常见的晶体管实物照片

a）塑封晶体管　b）大功率晶体管　c）金属封装晶体管

d）一般功率晶体管　e）贴片晶体管

1. 晶体管的结构、符号及其类型

在一块半导体基片上经过特殊的工艺制成两个互为反向的 PN 结，并从相应区域引出三个电极，分别称为基极 B，发射极 E 和集电极 C。其中基极和发射极之间的 PN 结称为发射结，基极和集电极之间的 PN 结称为集电结。根据中间的公共区域是 P 区还是 N 区，晶体管的管型又可分为 NPN 型和 PNP 型两大类。晶体管的结构、符号、管型及 B、E、C 各电极排列如图 2-4 所示。晶体管的文字符号在国际标准中用 VT 表示。

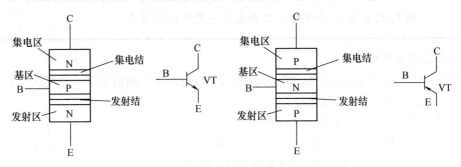

图 2-4　两种管型的晶体管

晶体管有硅管和锗管之分，这是根据制作的基片材料来划分的，目前生产和使用的多为硅管。

 注意：晶体管的三个区是有区别的，一般基区做得很薄（仅有1至几十微米厚），发射区多子浓度很高，集电结截面积大于发射结截面积。

2. 晶体管的电流分配和放大作用分析

晶体管能够控制能量的转换，将输入的任何微小变化不失真地放大输出。晶体管只能对变化量进行放大，放大是模拟电路的最基本的功能。

通过如图 2-5 所示的实验可得

（1）三个电流之间的关系符合基尔霍夫电流定律，即

$$I_E = I_B + I_C$$

且 $I_C \gg I_B$（$I_C \approx I_E$）。

（2）I_C 与 I_B 的比值称为晶体管的直流电流放大系数 $\bar{\beta}$，即

$$\bar{\beta} = I_C / I_B \ 或 \ I_C = \bar{\beta} I_B$$

（3）I_C 随 I_B 的微小变化而产生较大变化。

例如：I_B 由 $40\mu A$ 增加到 $50\mu A$ 时，I_C 从 $3.2mA$ 增加到 $4mA$，则

$$\beta = \frac{\Delta I_C}{\Delta I_B} = \frac{(4-3.2) \times 10^{-3}A}{(50-40) \times 10^{-6}A} = 80$$

式中，β 为晶体管交流电流放大系数，工程中 β 常表示为 h_{fe}。晶体管的这种以小电流变量控制大电流变量的作用就是它的交流电流放大作用，因此，晶体管为电流控制器件。

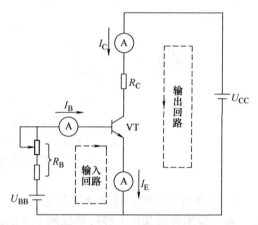

图 2-5　晶体管特性测试电路

（4）晶体管导通放大的条件——发射结正偏，集电结反偏。对于 NPN 管三个极电压应满足：$U_C > U_B > U_E$，对于 PNP 管为 $U_E > U_B > U_C$。

 注意： 发射极电流 I_E 最大，集电极电流 I_C 次之，基极电流 I_B 最小。但 I_B 控制着 I_C 的变化，二者总成一定的比例关系。

3. 晶体管伏安特性

晶体管的伏安特性曲线是指晶体管各电极的电流与电压之间的关系，它反映出晶体管的性能，是分析放大电路的重要依据。

（1）晶体管的输入伏安特性（$I_B = f(U_{BE})$）。

晶体管的输入伏安特性是非线性的，并且和二极管一样也存在着死区电压，硅管的死区电压约为 $0.5V$，锗管的死区电压约为 $0.1V$。

晶体管正常导通工作于放大区时，发射结压降 U_{BE} 变化不大，硅管约为 $0.7V$ 左右，锗管约为 $0.3V$ 左右（见图 2-6）。

（2）晶体管的输出伏安特性（$I_C = f(U_{CE})$）。

1）截止区。截止区的电压条件是：发射结反偏，集电结也反偏。

2）放大区。恒流特性：当 I_B 一定时，I_C 值基本不随 U_{CE} 的变化而变化。电流放大。放大区的电压条件是：发射结正偏，集电结反偏。

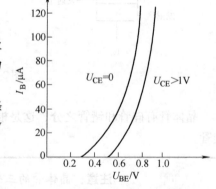

图 2-6　晶体管输入伏安特性曲线（硅管）

3）饱和区。在这个区域里，I_C 与 I_B 已不成放大的比例关系。饱和区的电压条件是：发射结正偏，集电结也正偏。饱和压降 U_{CES} 很低（一般硅管约为 0.3V，锗管约为 0.1V），相当于一个开关的接通（见图 2-7）。

4. 晶体管的主要参数

（1）直流参数。

1）集电极—基极截止电流 I_{CBO}。

2）集电极—发射极截止电流 I_{CEO}（穿透电流）：I_{CEO} 大约是 I_{CBO} 的 β 倍，I_{CBO} 和 I_{CEO} 受温度影响极大，它们是衡量管子热稳定性的重要参数，其值越小，性能越稳定。

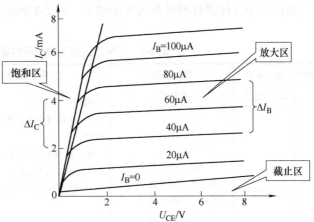

图 2-7　晶体管输出特性曲线

（2）交流参数。交流电流放大系数 β（或 h_{fe}）：一般晶体管的 β 大约在 $10 \sim 200$ 之间。如果 β 太小，电流放大作用差；如果 β 太大，性能往往不稳定。

（3）极限参数。

1）集电极最大允许电流 I_{CM}：当集电极电流 I_C 增加到某一数值，引起 β 值下降到正常值 2/3 时的 I_C 值称为 I_{CM}。当 I_C 超过 I_{CM} 时，虽然不致使管子损坏，但 β 值显著下降，影响放大质量。

2）集电极—发射极反向击穿电压 $U_{(BR)CEO}$：如果 $U_{CE} > U_{(BR)CEO}$，管子就会被击穿，从而损坏晶体管。

3）集电极最大允许耗散功率 P_{CM}：管子因受热而引起参数的变化不超过允许值时的最大集电极耗散功率称为 P_{CM}。使用时应使实际的耗散功率 $P_C < P_{CM}$。由此可以在晶体管的输出伏安特性上画出一个允许管耗线，如图 2-8 所示。

（4）温度对晶体管参数的影响。

1）对发射结电压 U_{BE} 的影响：温度升高，U_{BE} 将会下降。

2）对截止电流 I_{CEO} 的影响：温度升高，I_{CEO} 将会增加，反之 I_{CEO} 将下降。

3）对电流放大系数 β 的影响：β 随温度升高而增大。

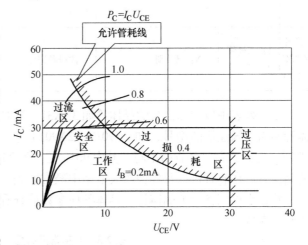

图 2-8　晶体管的安全工作区

综上所述，温度的变化最终都导致晶体管集电极电流发生变化。

　注意：P_{CM} 与散热条件有关，增加散热片可提高 P_{CM}，所以在使用大功率晶体管时一般要加散热片。

5. 半导体器件型号的命名

国际上半导体器件型号命名方法较多，表2-2列出了几种常见的半导体器件型号命名方法。

表2-2 几种常见的半导体器件型号命名方法

国别	第一部分	第二部分	第三部分	第四部分	第五部分
中国	2：二极管	（详见附录B）	类型 P：小信号管 X：低频小功率晶体管 W：电压调整管和电压基准管 G：高频小功率晶体管 Z：整流管 D：低频大功率晶体管 K：开关管 A：高频大功率晶体管 T：闸流管	登记序号	规格号
中国	3：三极管	材料，极性 A：锗，PNP型 B：锗，NPN型 C：硅，PNP型 D：硅，NPN型 E：化合物或合金材料			
日本	1：二极管 2：三极管	S：已注册	类型 A：PNP高频 F：晶闸管 B：PNP低频 G：晶闸管 C：NPN高频 M：双向晶闸管 D：NPN低频 …	数字越大越是近期注册的	Y：β120~240 GR：β200~400 BL：β350~700 …
美国（非军用品）	1：二极管 2：三极管	N：已注册	注册登记序号	档别	

以上列表中以国标命名的晶体管如3AX31、3DG6等已很难见到了，目前我国生产的晶体管多为美国注册的型号，如2N9012、2N9013等。因为美国和日本的晶体管开头全用2N或2S，有时书写时就省略不写。其中9013是一种NPN型硅小功率的晶体管，它是非常常见的晶体管，在收音机以及各种放大电路中经常看到，应用范围很广。9013是NPN型小功率晶体管，也可用作开关晶体管，具体各项参数请查看晶体管手册。表2-3收集了几种常见晶体管的参数。

表2-3 几种常见的晶体管的参数

名称	极性	功能	耐压	电流	功率	频率	配对管
9011	NPN	低频放大	30V	30mA	0.4W	150MHz	
9012	PNP	低频放大	50V	0.5A	0.625W	低频	9013
9013	NPN	低频放大	50V	0.5A	0.625W	低频	9012
9014	NPN	低噪放大	50V	0.1A	0.4W	150MHz	9015

（续）

名称	极性	功能	耐压	电流	功率	频率	配对管
9015	PNP	低噪放大	50V	0.1A	0.4W	150MHz	9014
9018	NPN	高频放大	30V	0.05A	0.4W	1000MHz	
8050	NPN	高频放大	40V	1.5A	1W	100MHz	8550
8550	PNP	高频放大	40V	1.5A	1W	100MHz	8050

注：关于晶体管的放大倍数，按其后缀一般有 B、C、D、E、F、G、I 档，字母越靠后，放大倍数就越大；贴片晶体管为 L H 档。具体放大倍数参考如下。

9011：D28-45 E39-60 F54-80 G72-108 H97-146 I132-198

9012：D64-91 E78-112 F96-135 G122-166 H144-220 I190-30

9013：D64-91 E78-112 F96-135 G122-166 H144-220 I190-30

9014：A60-150 B100-300 C200-600 D400-100

9015：A60-150 B100-300 C200-600 D400-100

9018：D28-45 E39-60 F54-80 G72-108 H97-146 I132-198

C8050：B，85-160；C，120-200；D，160-300

C8550：B，85-160；C，120-200；D，160-300

6. 晶体管的选用与代换注意事项

（1）晶体管的选用。

1）温度变化较大的环境，要优先选择硅晶体管；当电源电压很低，要优先选择锗晶体管。

2）当用于一般放大电路时，应选截止电流小且 β 值不太高的晶体管。

（2）晶体管的代换原则。

1）新换的晶体管极限参数应等于或大于原晶体管；性能好的可代换性能差的晶体管。

2）性能相同的国产管与进口管可相互代换。

3）硅管和锗管可以相互代换但导电类型要相同。

4）高频晶体管可代换低频晶体管；开关管可代换普通管。

二、晶体管放大电路

所谓放大，表面看来是将信号的幅度由小增大，但在电子技术中，放大的本质首先是实现能量的控制。这种小能量对大能量的控制作用就是放大作用。放大电路中必须存在能够控制能量的元件，即有源元件，如晶体管和场效应管。

如图 2-9 所示，从话筒得到的信号很微弱，必须经过放大才能驱动扬声器发出声音，放大必须满足以下前提。

图 2-9　音频放大电路组成框图

1）放大对象是变化量。

2）放大后不能产生失真。

晶体管放大电路的三种组态如图 2-10 所示。

1. 固定偏置式共发射极放大电路

44

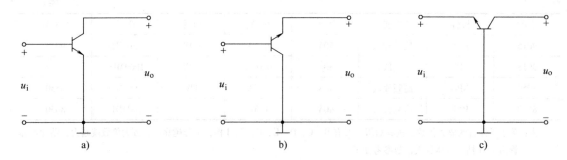

图 2-10　晶体管放大电路的三种组态

a) 共发射极组态　b) 共集电极组态　c) 共基极组态

（1）电路构成。晶体管单管放大电路如图 2-11 所示，图中 V_{CC} 是电源，供给能源；晶体管起信号放大作用，可以将微小的基极电流变化量转换成较大的集电极电流变化量；RP 和 R_b 是基极偏流电阻，引入合适的基极偏置电流 I_B，使工作点合适；集电极负载电阻 R_C 将集电极电流变化量转换为集电极电压的变化量输出；电容 C_1 和 C_2 一是隔直流，使晶体管中的直流电流与输入端之前的和输出端之后的直流通路隔开，二是通交流，当 C_1 和 C_2 的容量足够时，可以近似为短路，使交流信号顺利通过；R_L 是模拟外接负载，在实际应用中可以是某种用电设备，如仪表、扬声器或者下一级放大电路等。

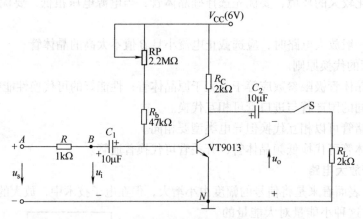

图 2-11　晶体管单管放大电路

输入回路与输出回路以发射极为公共端，所以称之为共射放大电路，并称公共端为"地"。

放大电路中存在以下 4 种不同的分量，以基极电流为例，如图 2-12 所示。

1）直流分量：用大写字母带大写下标表示，简称"大大写"，如 I_B。

2）交流分量：用小写字母带小写下标表示，简称"小小写"，如 i_b。

3）基极中的实际总电流是由直流量和交流量叠加而成的交直流叠加量（总量）：用小写字母带大写下标表示，简称"小大写"，如 $i_B = I_B + i_b$，这表示基极实际上的总电流。

4）交流量有效值：用大写字母带小写下标表示，简称"大小写"，如 I_b。

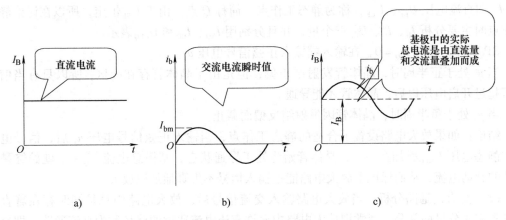

图 2-12　共射放大电路基极电流

a) 直流分量　b) 交流分量　c) 交直流叠加量

晶体管各极的电流和电压波形及其分解如图 2-13 所示。

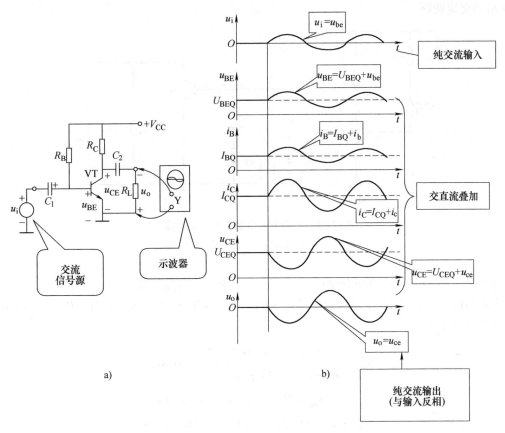

图 2-13　共射放大器的工作原理图解

a) 放大电路测试　b) 各极电压电流波形

（2）静态工作点的设置。当放大电路未加信号，即 $u_i = 0$，称为静态。这时的直流电流

46

I_B、I_C 和直流电压 U_{BE}、U_{CE}，称为静态工作点，简称 Q 点。由于 U_{BE} 恒定，所以在讨论静态工作点时主要分析 I_B、I_C、U_{CE} 三个量，并且分别用 I_{BQ}、I_{CQ} 和 U_{CEQ} 表示。

RP 断开，此时 $I_{BQ} = 0$，在输入端输入正弦信号电压 u_i。

当 u_i 处于正半周时，晶体管发射结正偏，但是由于晶体管存在死区，所以只有当信号电压超过开启电压以后，晶体管才能导通。

当 u_i 处于负半周时，晶体管因发射结反偏而截止。

结论：如果放大电路设置了合适的静态工作点，当输入正弦信号电压 u_i 后，信号电压 u_i 与静态电压 U_{BEQ} 叠加在一起，晶体管始终处于导通状态，基极总电流 $I_{BQ} + i_b$ 就始终是单极性的脉动电流，从而保证了放大电路能把输入信号不失真地加以放大。

（3）交直流通路分析。当放大电路输入交流信号后，放大电路中总是同时存在着直流分量和交流分量两部分。通常把放大电路中允许直流电流通过的路径称为直流通路，把交流信号通过的路径称为交流通路。首先画出直流通路。画直流通路时，将耦合电容看成开路，电感看成短路，其他元件不变。画交流通路时，小容抗的电容以及内阻很小的电源，忽略其交流压降，都可以视为短路。按图 2-11 所示的放大电路，分别画出如图 2-14a、b 所示的直流通路和交流通路。

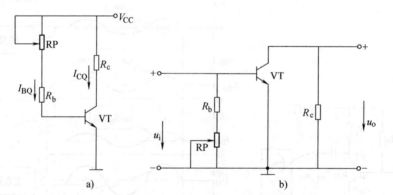

图 2-14　单管放大电路的交直流通路

a）直流通路　b）交流通路

求静态工作点只考虑直流分量的关系，所以按照直流通路计算。

【例 2-1】　如图 2-14 所示，已知 $V_{CC} = 6V$，$R_b = 47k\Omega$，$R_{RP'} = 253k\Omega$，$R_c = 2k\Omega$，$\beta = 35$。求静态工作点。

$$I_{BQ} = \frac{V_{CC} - U_{BEQ}}{R_b + R_{RP}} = \frac{6 - 0.7}{47 + 253} mA \approx 0.018mA$$

$$I_{CQ} = \beta I_{BQ} = 35 \times 0.018mA = 0.63mA$$

$$U_{CEQ} = V_{CC} - I_{CQ}R_c = 6 - 0.63 \times 2V = 4.7V$$

（4）输入电阻、输出电阻和电压放大倍数。

1）放大电路的输入电阻 R_i（见图 2-15）。从放大电路输入端 B 点看进去的交流等效电阻（不包括信号源的等效内阻），称为放大电路的输入电阻，用 R_i 表示。

2）放大电路的输出电阻 R_o（见图 2-16）。放大电路输出端看进去的交流等效电阻（不包括负载）称为放大电路的输出电阻，用 R_o 表示。R_o 越小，放大电路带负载的能力越强。

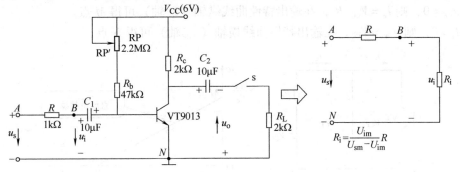

图 2-15　放大电路的输入电阻 R_i

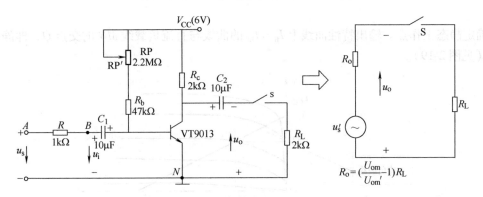

图 2-16　放大电路的输出电阻 R_o

3）放大电路电压放大倍数 A_u。

$$A_u = \frac{U_{om}}{U_{im}}$$

（5）放大电路的图解分析方法。

在晶体管的输入和输出特性曲线上直接用作图的方法求解放大电路的工作情况，这种通过作图分析放大电路性能的方法称为图解分析法。

1）静态工作点的图解分析。先用估算的方法计算输入回路 I_{BQ}、U_{BEQ}，在如图 2-17 所示的输出特性曲线上找到 $I_B = I_{BQ}$ 曲线。

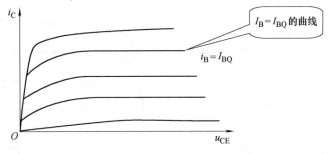

图 2-17　晶体管的输出特性曲线

作直流负载线，根据 $u_{CE} = V_{CC} - I_c R_c$ 式确定两个特殊点 M、N（见图 2-18）。

令 $u_{CE} = 0$，则 $I_c = V_{CC}/R_c$，在输出特性曲线纵轴（i_C 轴）可得 M 点。

令 $I_c = 0$，则 $u_{CE} = V_{CC}$，在输出特性曲线横轴（u_{CE} 轴）可得 N 点。

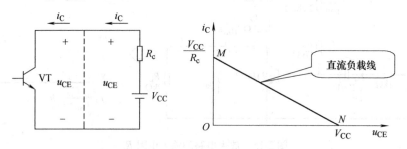

图 2-18　晶体管的输出回路和直流负载线

确定静态工作点。输出特性曲线上 $I_B = I_{BQ}$ 的曲线与直流负载线 MN 的交点 Q，即静态工作点（见图 2-19）。

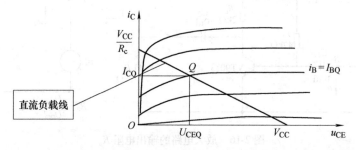

图 2-19　静态工作点的确定

2）动态工作情况的图解分析。交流通路的输出回路如图 2-20 所示。

交流负载线的绘制如图 2-21 所示。由于输入电压 $u_i = 0$ 时，$i_C = I_{CQ}$，管压降为 U_{CEQ}，所以它必然会过 Q 点。交流负载线斜率为

$$k = -\frac{1}{R_L'}，\ 其中\ R_L' = R_c // R_L$$

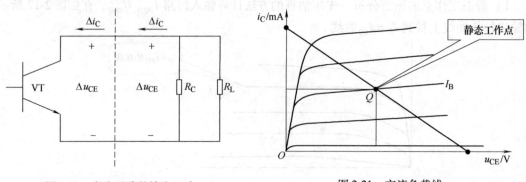

图 2-20　交流通路的输出回路　　　　　　图 2-21　交流负载线

交流负载线方程为

$$i_C - I_{CQ} = -\frac{1}{R_L'}(u_{CE} - U_{CEQ})$$

动态工作情况图解分析如图 2-22 所示。

$R_L = 3k\Omega$，假设输入信号电压 u_{BE} 幅度为 $0.02V$，信号电流 i_b 的幅度为 $20\mu A$。

$$R_L' = R_C /\!/ R_L = 1.5k\Omega$$

$$A_u = \frac{U_{om}}{U_{im}} = \frac{1.5}{0.02} = 75$$

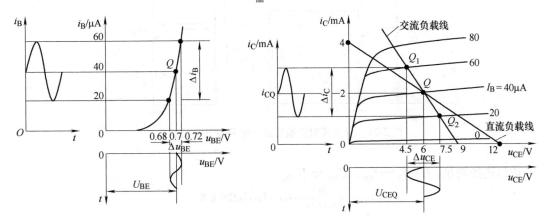

图 2-22　动态分析

3）图解法分析非线性失真。

放大器输出可能产生失真现象。所谓"失真"是指放大电路的输出波形与输入波形不成比例关系。产生失真的主要原因是放大电路的 Q 点位置不当。由于 Q 点设置过低，输出电压 u_o 的波形将产生截止（顶部）失真现象；反之，u_o 的波形将产生饱和（底部）失真现象（见图 2-23）。

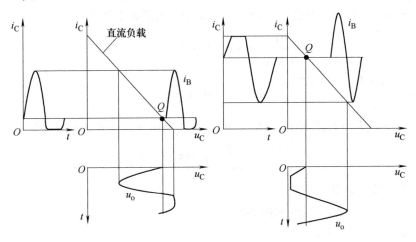

图 2-23　图解失真分析

2. 分压偏置式放大电路的分析

（1）温度对静态工作点的影响。温度上升时，参数的变化都会使集电极静态电流 I_{CQ} 随温度升高而增加，从而使 Q 点随温度变化。要想使 I_{CQ} 基本稳定不变，就要求在温度升高时，电路能自动地适当减小基极电流 I_{BQ}。

（2）分压式射极偏置放大电路分析。

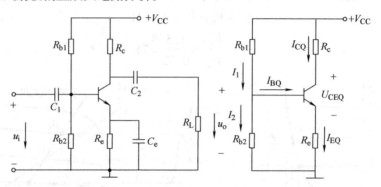

图 2-24　分压式射极偏置放大电路及其直流通路

适当选择满足：$I_1 \approx I_2 \gg I_{BQ}$，$U_{BQ} \gg U_{BEQ}$

$$V_{BQ} \approx \frac{R_{b2}}{R_{b1} + R_{b2}} V_{CC} \quad (V_{BQ} \text{与温度无关})$$

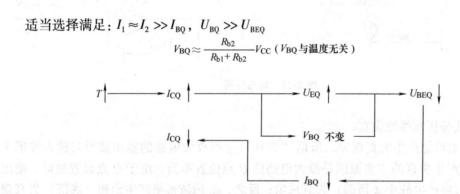

【例 2-2】　分压式射极偏置放大电路如图 2-24 所示，已知 $V_{CC} = 18V$，$R_{b1} = 39k\Omega$，$R_{b2} = 10k\Omega$，$R_c = 3k\Omega$，$R_e = 1.7k\Omega$，$R_L = 6k\Omega$，$\beta = 50$，求静态工作点。

解：$V_{BQ} \approx \dfrac{R_{b2}}{R_{b1} + R_{b2}} \cdot V_{CC} = \dfrac{10}{39 + 10} \times 18V = 3.67V$

$$I_{CQ} \approx I_{EQ} = \frac{V_{BQ} - U_{BEQ}}{R_e} = \frac{3.67 - 0.7}{1.7} mA = 1.75mA$$

$$U_{CEQ} = V_{CC} - I_{CQ}R_c - I_{EQ}R_e \approx V_{CC} - I_{CQ}(R_c + R_e) = 18 - 1.75 \times (3 + 1.7) V = 9.8V$$

$$I_{BQ} \approx \frac{I_{CQ}}{\beta} = \frac{1.75}{50} = 0.035mA = 35\mu A$$

3. 射极跟随器的应用

（1）电路的组成（见图 2-25 和图 2-26）。

（2）射极跟随器的特点。

1）电压放大倍数小于 1，且接近于 1。

2）输出电压与输入电压相位相同。

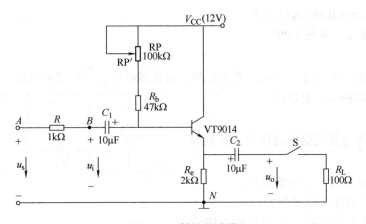

图 2-25　射极跟随器

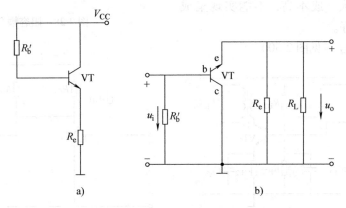

图 2-26　射极跟随器的直流通路和交流通路

a）直流通路　b）交流通路

3）输入电阻大。

4）输出电阻小。

（3）射极跟随器的应用。

1）用作输入级。

2）用作输出级。

3）用在两级共射放大电路之间作为隔离级（或简称为缓冲级）。

三、多级放大电路的分析

1. 电子电路的一般组成方式（见图 2-27）

图 2-27　电子电路的一般组成方式

2. 多级放大器的级间耦合方式

（1）阻容耦合（见图 2-28）。

优点：

1）各级静态工作点互不影响，非常有利于放大器的设计、调试和维修。

2）电路的体积小、重量轻。

缺点：

1）不适合传递变化缓慢的信号，其低频特性不太好。

2）耦合电容较大，无法集成化。

（2）变压器耦合（见图 2-29）。

优点：各级静态工作点互不影响，能实现电压、电流和阻抗的变换。

缺点：体积大，成本高，不能实现集成化，频率特性不好。

（3）直接耦合（见图 2-30）。

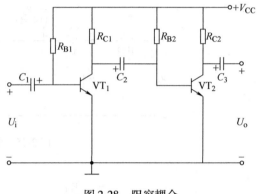

图 2-28　阻容耦合

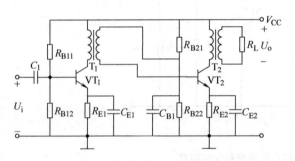

图 2-29　变压器耦合

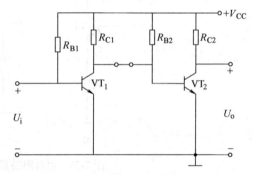

图 2-30　直接耦合

优点：频率特性最好，易于集成，广泛用于集成放大电路。

缺点：各级静态工作点互相影响，存在"零漂"现象。

 注意：所谓"零漂"是指当电路的环境温度变化时，前级放大器直流工作点的变化会传递到下一级，而下一级会把它当作信号加以放大，这种情况叫作温度漂移（简称"温漂"），又称为零点漂移（简称"零漂"）。

3. 多级放大器的分析

（1）多级放大器电压放大倍数的计算。

$$A_{\mathrm{u}} = \frac{U_{\mathrm{o}}}{U_{\mathrm{i}}} = A_{\mathrm{u}1}A_{\mathrm{u}2}\cdots A_{\mathrm{u}N}$$

（2）多级放大器的输入电阻和输出电阻。

输入电阻即为第一级输入电阻，$r_{\mathrm{i}} = r_{\mathrm{i}1}$。

输出电阻即为最末级输出电阻，$r_\mathrm{o} = r_{\mathrm{o}N}$。

四、功率放大电路的分析及其应用

能输出信号功率足够大的电路就是功率放大电路，简称"功放"，如图 2-31 所示。

图 2-31 功率放大电路

1. 功率放大电路的主要技术指标

（1）输出功率：一般指最大输出功率。

$$P_{\mathrm{omax}} = \frac{U_{\mathrm{om}} I_{\mathrm{om}}}{\sqrt{2}\ \sqrt{2}} = \frac{1}{2} U_{\mathrm{om}} I_{\mathrm{om}}$$

（2）效率。

$$\eta = \frac{P_{\mathrm{o}}}{P_{\mathrm{DC}}}$$

（3）管耗。

$$P_{\mathrm{V}} = P_{\mathrm{DC}} - P_{\mathrm{o}}$$

2. 复合管

所谓"复合管"就是将两个（或两个以上）的晶体管按照一定的连接方式组成一只等效的晶体管，如图 2-32 所示。

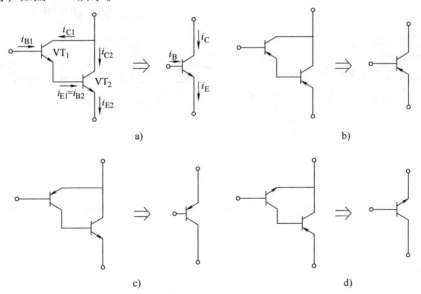

图 2-32 各类复合晶体管

复合管的类型与组成复合管的第一只晶体管的类型相同；复合管总的电流放大系数近似

等于的各管的 β 值之积,即:$\beta \approx \beta_1 \beta_2$。

3. 集成功率放大器

功率放大电路按照功放管静态工作点的不同,可分为甲类、乙类和甲乙类,在高频功放中还有丙类和丁类之分,这里重点介绍集成功率放大器。

自 1967 年研制成功第一块音频功率放大器集成电路以来,在短短几十年时间里其发展速度是惊人的。目前约 95% 以上音响设备的音频功率放大器都采用了集成电路。随着集成电路技术的发展,集成功率放大电路的产品越来越多,以下重点讨论 LM386。

(1) LM386 的特点。LM386 是美国国家半导体公司生产的音频功率放大器,主要应用于低电压消费类产品。为使外围元件最少,电压增益内置为 20,但在 1 脚和 8 脚之间增加一只外接电阻和电容,便可将电压增益调为任意值,直至 200。输入端以地为参考,同时输出端被自动偏置到电源电压的一半,在 6V 电源电压下,它的静态功耗仅为 24mW,使得 LM386 特别适用于电池供电的场合。

(2) LM386 的典型应用(见图 2-33)。

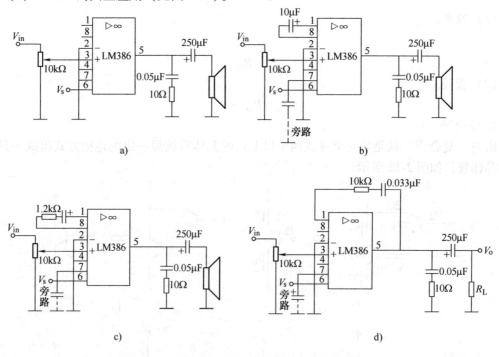

图 2-33 LM386 的典型应用

a) 放大器增益 =20(最少器件)   b) 放大器增益 =200   c) 放大器增益 =50   d) 低频提升放大器

任务分析

简易助听器的电路如图 2-2 所示,它实质上是一个由晶体管 $VT_1 \sim VT_3$ 构成的多级音频放大器。VT_1 与外围阻容元件组成了典型的阻容耦合放大电路,担任前置音频电压放大;VT_2、VT_3 组成了两级直接耦合式功率放大电路,其中 VT_3 接成发射极输出形式,它的输出阻抗较低，以便与8Ω低阻耳塞式耳机相匹配。

驻极体话筒 B 接收到声波信号后，输出相应的微弱电信号。该信号经电容器 C_1 耦合到 VT_1 的基极进行放大，放大后的信号由其集电极输出，再经 C_2 耦合到 VT_2 进行第二级放大，最后信号由 VT_3 发射极输出，并通过插孔 XS 送至耳塞机放音。

电路中，C_4 为旁路电容器，其主要作用是旁路掉输出信号中形成噪声的各种谐波成分，以改善耳塞机的音质。C_3 为滤波电容器，主要用来减小电池 E 的交流内阻（实际上为整机音频电流提供良好通路），可有效防止电池快报废时电路产生的自激振荡，并使耳塞机发出的声音更加清晰响亮。

任务实施

一、电路装配准备

结合简易助听器的电路原理图，在表2-4中列出完成本任务会用到的电子元器件清单。

表2-4　简易助听器电子元器件清单

序号	元件名称	在电路中的编号	型号规格	数量	备注

二、元器件的检测与筛选

1. 外观质量检查

电子元器件应完整无损，各种型号、规格、标志应清晰、牢固。

2. 元器件的测试

（1）晶体管的测量和质量判别（见表2-5）。

多数晶体管从外观上就可以识别其三个电极。常见晶体管的三个电极排列如图2-34所示。s9014，s9013，s9015，s9012，s9018系列的小功率晶体管，把显示文字的平面朝自己，从左向右依次为 e 发射极 b 基极 c 集电极；对于中小功率塑料晶体管按图使其平面朝向自己，三个引脚朝下放置，则从左到右依次为 e b c，s8050，8550，C2078 也是和这个一样的。若使用指针式万用表进行晶体管的测量和质量判别，则参考表2-5。

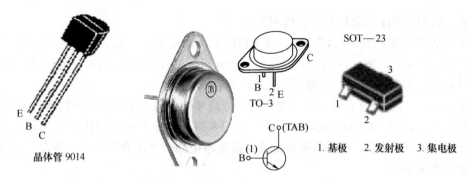

图 2-34　常见晶体管的三个电极的排列

表 2-5　晶体管的测量和质量判别

	图　　示	测量步骤与质量判别	注意事项
极性判别		基极的判别：将欧姆档拨到 R ×1k 档的位置，用黑表笔接晶体管的某一极，再用红表笔分别去接触另外两个电极，直到出现测得的两个阻值都很大（测量的过程中出现一个阻值大，另一个阻值小时，就需将黑表笔换接另一个电极再测），这时黑表笔所接的电极，就为晶体管的基极，而且该晶体管是 PNP 型管子	晶体管的管型及引脚的判别口诀： 三颠倒， 找基极； PN 结， 定管型； 顺箭头， 偏转大
		集电极、发射极的判别：如待测管子为 PNP 型锗管，先将万用表拨至 R ×1k 档，测除基极以外的另两个电极，得到一个阻值，再将红、黑表笔对调测一次，又得到一个阻值，在阻值较小的那一次中，红表笔所接的电极就为集电极，黑表笔所接的电极为发射极。对于 NPN 型锗管，红表笔接的那个电极为发射极，黑表笔接的那个电极为集电极	通过测量晶体管极间电阻的大小，可判断管子质量的好坏，也可看出晶体管内部是否有短路、断路等损坏情况。在测量晶体管极间电阻时，要注意量程的选择，否则将产生误判或损坏晶体管

（续）

	图　示	测量步骤与质量判别	注意事项
极性判别		将晶体管插入专用孔内，判别引脚极性和晶体管的电流放大倍数	
穿透电流 I_{CEO} 的测量	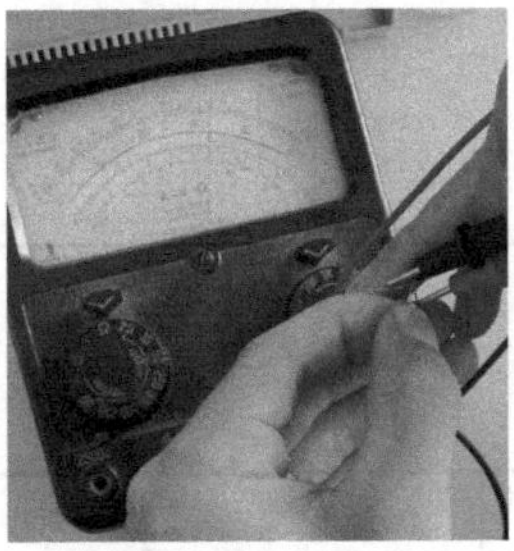	对于 PNP 管，红表笔接集电极，黑表笔接发射极，用 R×1k 档测得的阻值应在 50kΩ 以上。此值越大，说明管子的截止电流越小，管子的性能优良；若阻值小于 25kΩ，则说明管子的截止电流大，工作不稳定并有很大的噪声，不宜选用 对于 NPN 管，应将表笔对调测量其阻值，测得的阻值应比 PNP 管大很多，一般应为几百千欧	测小功率晶体管时，应当用 R×1k 或 R×100k 档，而不能用 R×1 或 R×10k 档，因为 R×1 档电流较大，R×10k 档电压较高，都可能造成晶体管的损坏。但在测量大功率锗管时，则要用 R×1 或 R×10 档。因为它的正、反向电阻较小，用其他档容易发生误判 对于质量良好的中、小功率晶体管，基极与集电极、基极与发射极间的正向电阻一般为几百欧姆到几千欧姆，其余的极间电阻都很高，约为几百千欧。硅材料的晶体管要比锗材料的晶体管的极间电阻高
电流放大系数 β 值的估测		将万用表拨到 R×1k 或 R×100 档。对于 PNP 型晶体管，红表笔接集电极，黑表笔接发射极，先测集电极与发射极之间的电阻，记下阻值，然后将 100kΩ 电阻接入基极与集电极之间，使基极得到一个偏流，这时表针所示的阻值比不接电阻时要小，即表针的摆动变大，摆动越大，说明放大能力越好。如果表针摆动与不接电阻时差不多，或根本不变，则说明管子的放大能力很小或管子已损坏	

58

（2）话筒的测量和质量判别（见表2-6）。

表2-6　话筒的检测

	图　示	测量步骤与质量判别	注意事项
极性与质量判别	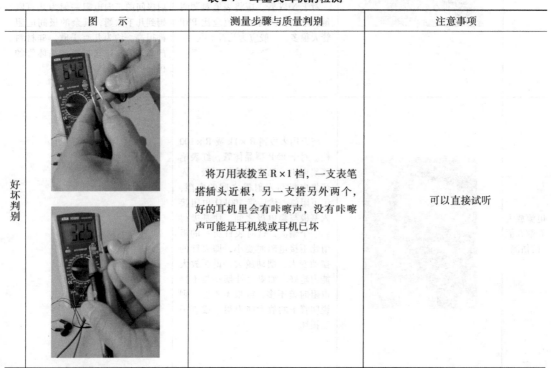	将万用表拨至"R×100"或"R×1k"电阻档，黑表笔接任意一极，红表笔接另外一极，读出电阻值数；对调两表笔后，再次读出电阻值数，并比较两次测量结果，阻值较小的一次中，黑表笔所接应为源极S，红表笔所接应为漏极D。 测量中，驻极体话筒正常测得的电阻值应该是一大一小。如果正、反向电阻值均为∞，则说明被测话筒内部的场效应管已经开路；如果正、反向电阻值均接近或等于0Ω，则说明被测话筒内部的场效应管已被击穿或发生了短路	一般地两端式驻极体话筒的金属外壳与源极S电极相连，所以其漏极D电极应为"正电源/信号输出脚"，源极S电极为"接地引脚"。 由于驻极体话筒是一次性压封而成，所以内部发生故障时一般不能维修，弃旧换新即可
灵敏度测试		将万用表拨至R×100档，红表笔接接地端，黑表笔接漏极D，对着话筒吹气，指针摆动幅度越大其灵敏度就越大	

（3）耳塞式耳机的测量和质量判别（见表2-7）。

表2-7　耳塞式耳机的检测

	图　示	测量步骤与质量判别	注意事项
好坏判别		将万用表拨至R×1档，一支表笔搭插头近根，另一支搭另外两个，好的耳机里会有咔嚓声，没有咔嚓声可能是耳机线或耳机已坏	可以直接试听

三、电路组装

（1）用万用表检测元器件的性能和好坏后，清除元件的氧化层，搪锡并引线成型。

（2）剥去导线的线端绝缘，清除氧化层，均加以搪锡处理。

（3）二极管、晶体管和极性电容器等有极性元器件应正向连接。

（4）插装元器件，经检查无误后，焊接固定。

四、电路调试

按以下步骤调试并做好记录。

（1）检查各元器件有无错焊、漏焊和虚焊等情况，并判断接线是否正确。

（2）接通电源，观察有无异常现象，如是否有发热、冒烟等现象，发现异常立即断电，检查元件是否有错装、漏焊等现象。

（3）通过调整电阻器 R_2 的阻值，使 VT_1 集电极电流（直流表串联在 R_3 回路）在 1.5mA 左右。

（4）通过调整 R_4 阻值，使助听器的总静态电流（直流表串联在电池 E 的供电回路），在 10mA 左右即可。

（5）因各人使用的驻极体话筒 B 参数有所不同，有时 R_1 的阻值也需要作适当调整，应调到声音最清晰响亮为止。

（6）检测整机电流：测电源回路中的电流。

（7）检测各晶体管电极电压，并判断其工作状态。

调试过程中，若出现故障或人为在电路的关键点设置故障点，对照电路原理图，讨论并分析故障原因及解决办法，记录在表 2-8 中。

表 2-8　故障检修

问题	基本原因	解决方法

五、实训报告要求

（1）画出简易助听器的电路原理图。

（2）完成测试记录。

（3）分析简易助听器电路原理图的组成，它们的作用是什么？

知识链接

晶体管的发明

1947 年 12 月 23 日，美国新泽西州墨累山的贝尔实验室里，3 位科学家——巴丁博士、布莱顿博士和肖克莱博士在紧张而又有条不紊地做着实验。他们在导体电路中正在进行用半导体晶体把声音信号放大的实验。3位科学家惊奇地发现，在他们发明的器件中通过的一部分微量电流，竟然可以控制另一部分流过的大得多的电流，因而产生了放大效应。这个器件，就是在科技史上具有划时代意义的成果——晶体管。因它是在圣诞节前夕发明的，而且对人们未来的生活发生如此巨大的影响，所以被称为"献给世界的圣诞节礼物"。这3位科学家因此共同荣获了1956年诺贝尔物理学奖。

晶体管促进并带来了"固态革命"，进而推动了全球范围内的半导体电子工业。作为主要部件，它及时、普遍地在通信工具方面得到应用，并产生了巨大的经济效益。由于晶体管彻底改变了电子线路的结构，集成电路以及大规模集成电路应运而生，从而制造像高速电子计算机之类的高精密装置就变成了现实。

评价标准（见表2-9）

表2-9 任务评分表

姓名：_____ 学号：_____ 合计得分：_____

内　容		考核要求	配分	评分标准	学生自评	小组评分	教师评分	综合
任务资讯掌握情况		（1）明确文字、图形符号意义、各元件的作用 （2）能熟练掌握简易助听器的工作原理并进行分析	10	（1）错误解释文字、图形符号意义，每个扣1分 （2）错误说明设备、元器件在电路中的作用，每个扣1分 （3）电路原理不清楚扣5分				
电路安装准备	识别元器件	正确识别晶体管等电子元器件	5	（1）元器件型号每识错一个扣1分 （2）元器件规格每识错一个扣1分				
	选用仪器、仪表	（1）能详细列出元件、工具、耗材及使用仪器、仪表清单 （2）能正确使用仪器、仪表	5	（1）错误选择仪器、仪表扣3分 （2）使用方法不正确扣1分 （3）测试结果错误扣4分				
	选用工具	正确选择本任务所需工具、仪器、仪表等	5	（1）错误选择工具、器具类别、规格均扣1分 （2）使用方法不正确扣2分				
电路安装	元器件	元器件完好无损坏	5	一处不符合扣1分				
	焊接	无虚焊，焊点美观符合要求	10	一处不符合扣1分				
	接线	按图接线，接线牢固、规范，布线美观，横平竖直	10	一处不符合扣1分				
	安装	安装正确，完整	5	一处不符合扣1分				

（续）

内　容		考核要求	配分	评分标准	学生自评	小组评分	教师评分	综合
电路调试	故障现象分析与判断	正确分析故障现象发生的原因，判断故障性质	5	（1）逻辑分析错误扣2分 （2）测试判断故障原因错误扣2分 （3）判断结果错误扣3分				
	故障处理	方法正确	5	（1）处理方法错误扣2分 （2）处理结果错误扣3分				
	波形测量	正确使用示波器测量波形，测量的结果要正确	5	一处不符合扣1分				
	电压测量	正确使用万用表测量波形，测量的结果要正确	5	一处不符合扣1分				
通电试运行		试运行一次成功	5	一次试运行不成功扣3分				
任务报告书完成情况		（1）语言表达准确，逻辑性强 （2）格式标准，内容充实、完整 （3）有详细的项目分析、制作调试过程及数据记录	10	根据完成质量评定				
安全与文明生产		（1）严格遵守实习生产操作规程 （2）安全生产无事故	5	（1）违反规程每一项扣2分 （2）操作现场不整洁扣2分 （3）不听指挥或误操作，发生严重设备和人身事故，取消考试资格				
职业素养		（1）学习、工作积极主动，遵时守纪 （2）团结协作精神好 （3）踏实勤奋，严谨求实	5					
合　计			100					

巩固提高

一、填空题

1. 晶体管的内部结构是由 _____ 区、_____ 区、_____ 区及 _____ 结和 _____ 结组成的。晶体管对外引出的电极分别是 _____ 极、_____ 极和 _____ 极。

2. 某晶体管三个电极的电位分别是：$V_1 = 2V$，$V_2 = 1.7V$，$V_3 = -2.5V$，可判断该晶体管引脚"1"为 _____ 极，引脚"2"为 _____ 极，引脚"3"为 _____ 极，且属于 _____ 材料 _____ 型晶体管。

3. 晶体管有 _____ 型和 _____ 型，前者的图形符号是 _____，后者的图形符号是 _____。

4. 在晶体管中，I_E 与 I_B、I_C 的关系是 _____，由于 I_B 的数值远小于 I_C，如忽略 I_B，

则_____。

5. 晶体管基极电流的微小变化，将会引起集电极电流的较大的变化，这说明晶体管具有_____作用。

6. 衡量晶体管放大能力的参数是_____，晶体管的极限参数指_____、_____、_____。

7. 当 U_{CE} 不变时，_____和_____之间的关系曲线称为晶体管的输入特性。

8. 晶体管工作在放大状态时，其_____结必反偏，_____结必正偏。集电极电流与基极电流之间的关系是_____。

9. 放大器中晶体管的静态工作点是指_____、_____和_____。

10. 画放大电路的直流通路时，把_____看成开路；画放大电路的交流通路时，把_____和_____看成短路。

11. 对于一个放大电路来说，一般希望其输入电阻_____一些，以减轻信号的负担；而希望输出电阻_____一些，以增大带负载的能力。

12. 放大电路中，静态工作点设置得太高，会使输出电压的_____半周失真，称为_____失真。基本放大电路中，通常通过调整_____来消除失真。

13. 影响放大电路静态工作点稳定的因素有_____变化、_____波动和晶体管因老化其参数发生变化等，其中_____的影响最大。

14. 晶体管是_____控制元件，场效应管是_____控制元件。

15. 双极型晶体管从结构上看可以分成_____和_____两种类型，晶体管用来放大时，应使发射结_____偏置，集电结_____偏置。

16. 晶体管放大电路共有三种组态_____、_____、_____放大电路。

17. 在多级放大电路中，后级的输入电阻是前级的_____，而前级的输出电阻也可视为后级的_____。

18. 多级放大电路常用的级间耦合方式有_____耦合、_____耦合、_____耦合和光耦合。

19. 多级放大电路中每级放大电路的电压放大倍数分别为 A_{u1}、$A_{u2}\cdots A_{un}$，则总的电压放大倍数 $A_u =$ _____。

20. 放大器的静态是指_____的状态。

二、判断题

（ ）1. 晶体管的发射极和集电极可以互换使用。

（ ）2. 发射结正偏的晶体管一定工作在放大状态。

（ ）3. 晶体管可以把小电压放大成大电压。

（ ）4. 共发射极放大电路输出电压和输入电压相位相反，所以该电路有时被作为反相器。

（ ）5. 在共射放大电路中，输出电压与输入电压同相。

（ ）6. 射极支路接入电阻 R_E 的目的是为了稳定静态工作点。

（ ）7. 射极跟随器输入电压小，输出电压大，没有放大作用。

（ ）8. 变压器能把电压升高，所以变压器也是放大器。

（ ）9. 信号源和负载不是放大电路的组成部分，但它们对放大器有影响。

（　　）10. 放大器在工作时，电路同时存在直流和交流分量。

（　　）11. 固定偏置放大器的缺点是静态工作点不稳定。

（　　）12. 采用阻容耦合的放大电路，前后级的静态工作点互不影响。

（　　）13. 负反馈可以使放大倍数提高。

（　　）14. 串联反馈就是电流反馈，并联反馈就是电压反馈。

（　　）15. 负反馈可以消除放大器非线性失真。

（　　）16. 负反馈对放大器的输入电阻和输出电阻都有影响。

（　　）17. 射极跟随器电压放大倍数小于1而接近于1，所以射极跟随器不是放大器。

（　　）18. 甲乙类功率放大器能消除交越失真，是因为两只管子有合适的基极偏流。

（　　）19. 组成互补对称功放电路的两只晶体管应采用同型号的管子。

（　　）20. 分析多级放大电路时，可以把后级放大电路的输入电阻看成是前级放大电路的负载。

三、选择题

1. 晶体管放大的实质是（　　）。

A. 将小能量变换成大能量　　　　　　　B. 将低电压放大成高电压

C. 将小电流放大成大电流　　　　　　　D. 用较小的电流控制较大的电流

2. 在 NPN 型晶体管放大器中，晶体管各极电位最高的是（　　）。

A. 集电极　　　　　B. 发射极　　　　　C. 基极　　　　　D. 一样高

3. 晶体管是一种（　　）的半导体器件。

A. 电压控制　　　　　　　　　　　　　B. 电流控制

C. 既是电压控制又是电流控制　　　　　D. 功率控制

4. 测得 NPN 型晶体管上各电极对地电位分别为 $V_E = 2.1V$，$V_B = 2.8V$，$V_C = 4.4V$，说明此晶体管处在（　　）。

A. 放大区　　　　　B. 饱和区　　　　　C. 截止区　　　　　D. 反向击穿区

5. 放大器的静态是指（　　）。

A. 输入信号为零　　　　　　　　　　　B. 输出信号为零

C. 输入、输出信号均为零　　　　　　　D. 输入输出信号均不为零

6. 当晶体管工作在放大区时，（　　）。

A. 发射结和集电结均反偏　　　　　　　B. 发射结正偏，集电结反偏

C. 发射结和集电结均正偏

7. 放大器输出信号的能量来源是（　　）。

A. 直流电源　　　　　B. 晶体管　　　　　C. 输入信号　　　　　D. 均有作用

8. 某放大器的电压放大倍数为 -100，其负号表示（　　）。

A. 衰减　　　　　　　　　　　　　　　B. 输出信号与输入信号的相位相同

C. 放大　　　　　　　　　　　　　　　D. 输出信号与输入信号的相位相反

9. 共发射极基本放大电路中，当输入信号为正弦电压时，输出电压波形的正半周出现平顶失真，则这种失真为（　　）。

A. 截止失真　　　　　B. 饱和失真　　　　　C. 相位失真　　　　　D. 频率失真

10. 影响放大器工作点稳定的主要原因是（　　）。

A. β 值   B. 截止电流   C. 温度   D. 频率

11. 当温度升高时，会造成放大器的（   ）。

A. Q 点上移，易引起饱和失真   B. Q 点下移，易引起饱和失真

C. Q 点上移，易引起截止失真   D. Q 点下移，易引起截止失真

12. 在分压式偏置电路中，当环境温度升高时，通过晶体管发射极电阻 R_E 的自动调节，会使（   ）。

A. U_{BE} 降低   B. I_B 降低   C. I_C 降低   D. I_C 升高

13. 要提高放大器的输入电阻，并且使输出电压稳定，可以采用（   ）。

A. 电压串联负反馈   B. 电压并联负反馈

C. 电流串联负反馈   D. 电流并联负反馈

14. 放大器引入负反馈后，下列说法不正确的是（   ）。

A. 放大能力提高   B. 放大能力降低   C. 通频带变宽   D. 非线性失真减小

15. 用直流电压表测得放大电路中某晶体管各极电位分别是 2V、6V、2.7V，则三个电极分别是（   ），该管是（   ）型。

A. （B、C、E）   B. （C、B、E）   C. （E、C、B）   D. NPN   E. PNP

任务三　温度超限报警系统的安装与调试

任务引入

温度是一个十分重要的物理量，对它的测量与控制有十分重要的意义。随着现代工农业技术的发展及人们对生活环境要求的提高，人们也迫切需要检测与控制温度。

温度报警器广泛应用于工农业生产以及日常生活中。环境温度检测，机房温度监测及报警，蔬菜大棚、鱼塘水温监测，工厂用的烘箱、电炉，汽车低温报警，实验室、冷库、仓库温度监测及报警等。

本任务就是安装与调试基于集成运算放大器 LM324 设计的一款温度超限报警系统。图 3-1 为本任务所用散件安装完成的温度超限报警系统成品，图 3-2 所示的是本任务中采用的温度超限报警系统原理图。

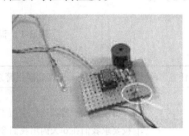

图 3-1　安装完成的温度超限报警系统成品

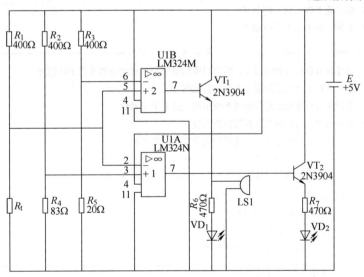

图 3-2　温度超限报警系统原理图

学习目标

（1）能根据电路原理图，叙述温度超限报警系统的工作原理。

（2）能正确使用仪器仪表，并能对其进行维护保养。

（3）能列出电路所需的电子元器件清单。

（4）能对所选的电子元器件进行识别与检测，为下一步焊接做准备。

（5）能正确安装电子元器件。

（6）能合理、准确地焊接电路，避免错焊、漏焊、虚焊。

（7）能正确调试电路。

（8）能进行自检、互检，判断所制作的产品是否符合要求。

（9）能按照国家相关环保规定和工厂要求，进行安全文明生产。

（10）能按照实训工厂的规定填写交接班记录。

任务书

表 3-1　温度超限报警系统的安装与调试任务书

时间：　　　　　组别：　　　　　姓名：

任务名称	温度超限报警系统的安装与调试	学时	30 学时
任务描述	温度超限报警器广泛应用于工农业生产以及日常生活中，现在某公司需要一批温度超限报警系统，学校要求我们在 6 天内用我们今天学习的集成运算放大器来完成 12 个温度超限报警系统的制作，功能要求： （1）温度高于 80℃时，红灯亮，并发出鸣叫声 （2）温度低于 30℃时，绿灯亮 （3）在 30~80℃，两个灯都不亮		
任务目标	（1）通过翻阅资料及教师指导，明确温度超限报警系统的分类及其工作原理 （2）能正确画出温度超限报警系统的装配图 （3）能识别与检测温度超限报警系统中用到的电子元器件 （4）能正确安装与调试温度超限报警系统 （5）能总结出完成任务过程中遇到的问题及解决的办法		
资讯内容	（1）日常生活中用到的开关有几类？它们都应用在哪些场合？ （2）怎么画温度超限报警系统的装配图？需要注意哪些问题？ （3）怎么识别元器件（如 LM324）？ （4）需要用到哪些仪表？ （5）安装与调试电路需要注意哪些问题？		
参考资料	教材、网络及相关参考资料		
实施步骤	（1）分组讨论生活中用到的温度超限报警系统类型及其应用 （2）分组讨论温度超限报警系统原理图及元器件清单并展示 （3）小组分工识别并检测温度超限报警系统中所用到的电子元器件 （4）小组分工合作完成温度超限报警系统的安装与调试 （5）小组推选代表展示成果，各小组互评 （6）教师总评、总结		
作业	（1）完成相关测量要求 （2）撰写总结报告，包括完成任务过程中遇到的问题及解决办法		

相关知识

一、集成运算放大器

集成电路是 20 世纪 60 年代初发展起来的一种新型器件，它把晶体管、必要的元件以及相互之间的连接同时制造在一个半导体芯片上（如硅片），形成具有一定电路功能的器件。与分立元件组成的放大电路相比，具有体积小、质量轻、功耗低、工作可靠、安装方便而又价格便宜等特点。集成电路器件按性能和用途分有模拟集成电路和数字集成电路两种。集成运算放大器是模拟集成电路中应用最为广泛的一种，它实际上是一种高增益、高输入电阻和低输出电阻的多级直接耦合放大器。之所以称之为运算放大器，是因为该器件最初主要用于模拟计算机中实现数值运算的缘故。实际上，目前集成运算放大器的应用早已远远超出了模拟运算的范围，但仍沿用了运算放大器（简称"运放"）的名称。集成运算放大器广泛用于模拟信号的处理和产生电路之中，因其高性能、低价位，在大多数情况下，已经取代了分立原件放大电路。

1. 集成运放的基本组成及其符号

集成运放的类型很多，电路也不尽相同，但结构具有共同之处，整个电路可分为输入级、中间级、输出级三部分，如图 3-3

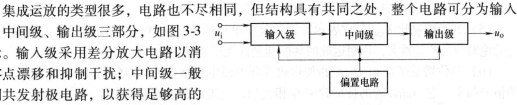

所示。输入级采用差分放大电路以消除零点漂移和抑制干扰；中间级一般采用共发射极电路，以获得足够高的电压增益；输出级一般采用互补对称

图 3-3　集成运放的基本组成

功率放大电路，以输出足够大的电压和电流，其输出电阻小，负载能力强。偏置电路则是为各级提供合适的工作点及能源的。此外，为获得电路性能的优化，集成运放内部还增加了一些辅助环节，如电平移动电路、过载保护电路和频率补偿电路等。

集成运放的电路符号如图 3-4 所示（省略了电源端、调零端等）。集成运放有两个输入端分别称为同相输入端 u_P 和反相输入端 u_N；一个输出端 u_o。其中的"－""＋"分别表示反相输入端 u_N 和同相输入端 u_P。在实际应用时，需要了解集成运放外部各引出端的功能及相应的接法，但一般不需要画出其内部电路。

图 3-4　集成运放的电路符号

a）国标符号　b）外形图

2. 集成运放的主要参数

集成运放的参数正确、选择合理是使用运放的前提，因此了解其各性能参数及其意义是十分必要的。集成运放的主要参数有以下几种。

（1）开环差模电压增益 A_{od}。这是指运放在开环、线性放大区并在规定的测试负载和输出电压幅度的条件下的直流差模电压增益（绝对值）。一般运放的 A_{od} 为 60～120dB，性能较

好的运放 $A_{od} > 140dB$。

值得注意的是，一般希望 A_{od} 越大越好，实际的 A_{od} 与工作频率有关，当频率大于一定值后，A_{od} 随频率升高而迅速下降。

（2）温度漂移。放大器的零点漂移的主要来源是温度漂移，而温度漂移对输出的影响可以折合为等效输入失调电压 U_{IO} 和输入失调电流 I_{IO}，因此可用以下指标来表示放大器的温度稳定性即温漂指标。

在规定的温度范围内，输入失调电压的变化量 ΔU_{IO} 与引起 U_{IO} 变化的温度变化量 ΔT 之比，称为输入失调电压/温度系数 $\Delta U_{IO}/\Delta T$。$\Delta U_{IO}/\Delta T$ 越小越好，一般为 ±（10 ~ 20）$\mu V/℃$。

（3）最大差模输入电压 $U_{id,max}$。这是指集成运放的两个输入端之间所允许的最大输入电压值。若输入电压超过该值，则可能使运放输入级 BJT（Bipolar Junction Transistor，双极结型晶体管）的其中一个发射结产生反向击穿。显然这是不允许的。$U_{id,max}$ 大一些好，一般为几到几十伏。

（4）最大共模输入电压 $U_{ic,max}$。这是指运放输入端所允许的最大共模输入电压。若共模输入电压超过该值，则可能造成运放工作不正常，其共模抑制比 K_{CMR} 将明显下降。显然，$U_{ic,max}$ 大一些好，高质量运放最大共模输入电压可达十几伏。

（5）共模抑制比 K_{CMR}。它表示运放的差模电压放大倍数 A_d 和共模电压放大倍数 A_c 之比的绝对值。K_{CMR} 越大，说明运放的共模抑制性能就越好。

（6）单位增益带宽 f_T。f_T 是指使运放开环差模电压增益 A_{od} 下降到 0dB（即 $A_{od} = 1$）时的信号频率，它与晶体管的特征频率 f_T 相类似，是集成运放的重要参数。

（7）开环带宽 f_H。f_H 是指使运放开环差模电压增益 A_{od} 下降为直流增益的 $1/\sqrt{2}$ 倍（相当于 −3dB）时的信号频率。由于运放的增益很高，因此 f_H 一般较低，约几赫兹至几百赫兹左右（宽带高速运放除外）。

（8）转换速率 S_R。这是指运放在闭环状态下，输入为大信号（如矩形波信号等）时，其输出电压对时间的最大变化速率。

（9）最大输出电压 $U_{o,max}$。最大输出电压 $U_{o,max}$ 是指在一定的电源电压下，集成运放的最大不失真输出电压的峰-峰值。

3. 集成运放的电压传输特性

如图 3-5 所示，集成运放的输出电压与输入电压（即同相输入端与反相输入端之间的电压）之间的关系曲线即电压传输特性。

曲线分线性区（图中斜线部分）和非线性区（图中斜线以外的部分）。在线性区，输出电压随输入电压（$U_p - U_N$）的变化而变化；但在非线性区，只有两种可能：或是正饱和，或是负饱和。由于外电路没有引入负反馈，集成运放的开环增益非常高，只要加很微小的输入电压，输出电压就会达到最大值所以集成运放电压传输特性中的线性区非常窄。

4. 集成运放的工作特点

在集成运放的线性应用电路中，集成运放与外部电阻、

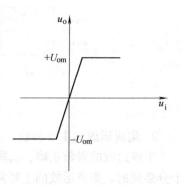

图 3-5　集成运放的
电压传输特性

电容和半导体器件等一起构成深度负反馈电路或兼有正反馈而以负反馈为主。此时，集成运放本身处于线性工作状态，即其输出量和净输入量呈线性关系，但整个应用电路的输出和输入也可能是非线性关系。

需要说明的是，在实际的电路设计或分析过程中常常把集成运放理想化。理想运放具有以下理想参数。

1）开环电压增益 $A_{od} \rightarrow \infty$。

2）差模输入电阻 $r_{id} \rightarrow \infty$。

3）差模输出电阻 $r_{od} = 0$。

4）共模抑制比 $K_{CMR} \rightarrow \infty$，即没有温度漂移。

5）开环带宽 $f_H \rightarrow \infty$。

6）转换速率 $S_R \rightarrow \infty$。

7）输入端的偏置电流 $I_{BN} = I_{BP} = 0$。

8）干扰和噪声均不存在。

在一定的工作参数和运算精度要求范围内，采用理想运放进行设计或分析的结果与实际情况相差很小，误差可以忽略，但却大大简化了设计或分析过程。

由于集成运放的开环增益很高，且通频带很低（几到几百赫兹，宽带高速运放除外），因此当集成运放工作在线性放大状态时，均引入外部负反馈，而且通常为深度负反馈。运放两个输入端之间的实际输入（净输入）电压可以近似看成为0，相当于短路，即

$$u_P = u_N$$

但由于两输入端之间不是真正的短路，故称为"虚短"。

另外，由于集成运放的输入电阻很高，而净输入电压又近似为0，因此，流经运放两输入端的电流可以近似看成为0，即

$$i_{IN} = i_{IP} = 0$$

（以后 i_{IN} 和 i_{IP} 都用 i_I 表示，$i_I = 0$），相当于开路。但由于两输入端间不是真正的开路，故称为"虚断"。

利用"虚短"和"虚断"的概念，可以十分方便地对集成运放的线性应用电路进行快速简捷地分析。

二、集成运放的线性应用

集成运放应用十分广泛，电路的接法不同，集成运放电路所处的工作状态也不同，电路也就呈现出不同的特点。因此可以把集成运放的应用分为两类：线性应用和非线性应用。集成运放的线性应用主要有模拟信号的产生、运算、放大、滤波等。下面首先从基本运算电路开始讨论。

1. 比例运算电路

比例运算电路是运算电路中最简单的电路，其输出电压与输入电压成比例关系。比例运算电路有反相输入和同相输入两种。

（1）反相输入比例运算电路 图 3-6 所示为反相输入比例运算电路，该电路输入信号加在反相输入端上，输出电压与输入电压的相位相反，故得名。在实际电路中，为

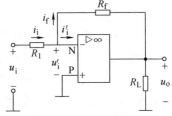

图 3-6 反相输入
比例运算电路

减小温漂提高运算精度，同相端必须加接平衡电阻 R_P 接地，R_P 的作用是保持运放输入级差分放大电路具有良好的对称性，减小温漂提高运算精度，其阻值应为 $R_P = R_1 /\!/ R_f$。

由于运放工作在线性区，净输入电压和净输入电流都为零。

由"虚短"的概念可知，在 P 端接地时，$u_P = u_N = 0$，称 N 端为"虚地"。

由"虚断"的概念可知 $i_i = i_f$　有

$$\frac{u_i}{R_1} = \frac{-u_o}{R_f}$$

该电路的电压增益

$$A_{uf} = \frac{u_o}{u_i} = -\frac{R_f}{R_1}$$

即

$$u_o = -\frac{R_f}{R_1} u_i$$

输出电压 u_o 与输入电压 u_i 之间成比例（负值）关系。

该电路引入了电压并联深度负反馈，电路输入阻抗（为 R_1）较小，但由于出现虚地，放大电路不存在共模信号，对运放的共模抑制比要求也不高，因此该电路应用场合较多。

值得注意的是，虽然电压增益只和 R_f 和 R_1 的比值有关，但是电路中电阻 R_1、R_P、R_f 的取值应有一定的范围。若 R_1、R_P、R_f 的取值太小，由于一般运算放大器的输出电流一般为几十毫安，若 R_1、R_P、R_f 的取值为几欧姆的话，输出电压最大只有几百毫伏。若 R_1、R_P、R_f 的取值太大，虽然能满足输出电压的要求，但同时又会带来饱和失真和电阻热噪声的问题。通常取 R_1 的值为几百欧姆至几千欧姆。取 R_f 的值为几千至几百千欧姆。

（2）同相输入比例运算电路　图 3-7 所示为同相输入比例运算电路，由于输入信号加在同相输入端，输出电压和输入电压的相位相同，因此将它称为同相放大器。

由"虚断"的概念可知 $i_P = i_N = 0$，由"虚短"的概念可知 $u_i = u_P = u_N$

其电压增益

$$A_{uf} = \frac{u_o}{u_i} = \frac{u_o}{u_f} = 1 + \frac{R_f}{R_1}$$

即

$$u_o = \left(1 + \frac{R_f}{R_1}\right) u_i$$

同相输入电路为电压串联负反馈电路，其输入阻抗极高，但由于两个输入端均不能接地，放大电路中存在共模信号，不允许输入信号中包含有较大的共模电压，且对运放的共模抑制比要求较高，否则很难保证运算精度。

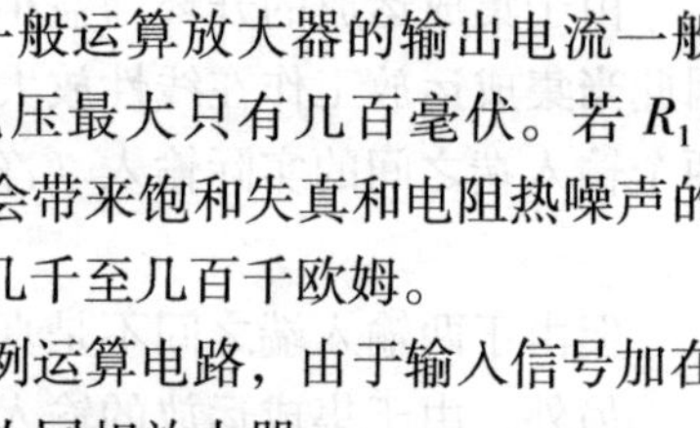

图 3-7 所示为同相输入比例运算电路中，若 R_1 不接，或 R_f 短路，组成如图 3-8 所示电路。此电路是同相比例运算的特殊情况，此时的同相比例运算电路称为电压跟随器。电路的输出完全跟随输入变化。$u_i = u_P = u_N = u_o$，$A_u = 1$，具有输入阻抗大，输出阻抗小。在电路中作用与分立元件的射极输出器相同，但是电压跟随性能好。常用于多级放大器的输入级和输出级。

图 3-7　同相输入比例运算电路

2. 加法电路

若多个输入电压同时作用于运放的反相输入端或同相输入端，则实现加法运算；若多个输入电压有的作用于反相输入端，有的作用于同相输入端，则实现减法运算。

图 3-9 所示为加法电路，该电路可实现两个电压 u_{S1} 与 u_{S2} 相加。输入信号从反相端输入，同相端虚地。则有：$u_P = u_N = 0$；又由"虚断"的概念可知 $i_1 = 0$，因此，在反相输入节点 N 可得节点电流方程：

$$\frac{u_{S1} - u_N}{R_1} + \frac{u_{S2} - u_N}{R_2} = \frac{u_N - u_O}{R_f}$$

即

$$\frac{u_{S1}}{R_1} + \frac{u_{S2}}{R_2} = \frac{-u_O}{R_f}$$

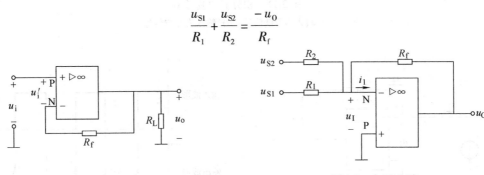

图 3-8　电压跟随器　　　　　　　　图 3-9　加法电路

整理可得

$$u_O = -\left(\frac{R_f}{R_1} u_{S1} + \frac{R_f}{R_2} u_{S2} \right)$$

若 $R_1 = R_2 = R_f$，则上式变为

$$u_O = - \left(u_{S1} + u_{S2} \right)$$

实现了真正意义的反相求和。

图 3-9 所示的加法电路也可以扩展到实现多个输入电压相加的电路。利用同相放大电路也可以组成加法电路。

3. 积分电路

在电子电路中，常用积分运算电路和微分运算电路作为调节环节，此外，积分运算电路还用于延时、定时和非正弦波发生电路中（见图 3-10）。

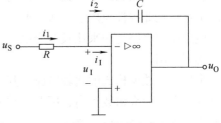

图 3-10　积分电路

利用积分运算电路能够将输入的正弦电压，变换为输出的余弦电压，实现了波形的移相；将输入的方波电压变换为输出的三角波电压，实现了波形的变换（见图 3-11）。

4. 微分电路

微分是积分的逆运算。将图 3-10 所示积分电路的电阻和电容元件互换位置，即构成微分电路，微分电路如图 3-12 所示。微分电路选取相对较小的时间常数 RC。

如图 3-13 所示，由于微分器的输出电压与输入电压的变化率成正比，所以在自动控制系统中，微分器常用于产生控制脉冲。

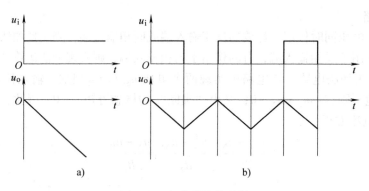

图 3-11 积分器的波形图

a）输入为阶跃信号　b）输入为方波信号

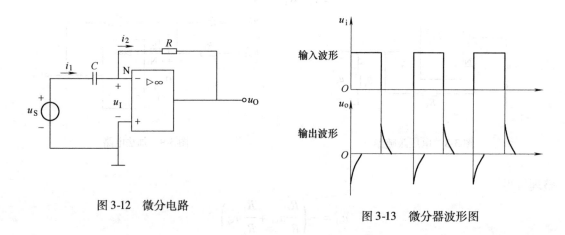

图 3-12 微分电路

图 3-13 微分器波形图

三、集成运放的非线性应用

在集成运放的非线性应用电路中，运放一般工作在开环或仅正反馈状态，而运放的增益很高，在非负反馈状态下，其线性区的工作状态是极不稳定的，因此主要工作在非线性区，实际上这正是非线性应用电路所需要的工作区。

电压比较电路是用来比较两个电压大小的电路。在自动控制、越限报警、波形变换等电路中得到应用。

由集成运放所构成的比较电路，其重要特点是运放工作于非线性状态。开环工作时，由于其开环电压放大倍数很高，因此，在两个输入端之间有微小的电压差异时，其输出电压就偏向于饱和值；当运放电路引入适时的正反馈时，更加速了输出状态的变化，即输出电压不是处于正饱和状态（接近正电源电压 $+V_{CC}$），就是处于负饱和状态（接近负电源电压 $-V_{EE}$）。处于运放电压传输特性的非线性区。由此可见，分析比较电路时应注意：

1）比较器中的运放，"虚短" 的概念不再成立，而 "虚断" 的概念依然成立。

2）应着重抓住输出发生跳变时的输入电压值来分析其输入输出关系，画出电压传输特性。

电压比较器简称比较器，它常用来比较两个电压的大小，比较的结果（大或小）通常由输出的高电平 U_{OH} 或低电平 U_{OL} 来表示。

1. 单门限比较器

单门限比较器将一个模拟量的电压信号 u_I 和一个参考电压 U_{REF} 相比较。模拟量信号可以从同相端输入，也可从反相端输入。图 3-14a 所示的信号为反相端输入，参考电压接于同相端。

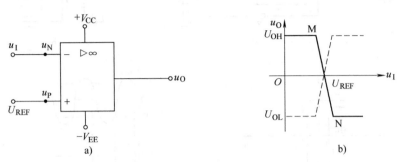

图 3-14　简单电压比较器的基本电路

a）电路　b）传输特性

当输入信号 $u_I < U_{REF}$，输出即为高电平 $u_O = U_{OH}$（$+V_{CC}$）

当输入信号 $u_I > U_{REF}$，输出即为低电平 $u_O = U_{OL}$（$-V_{EE}$）

显然，当比较器输出为高电平时，表示输入电压 u_I 比参考电压 U_{REF} 小；反之当输出为低电平时，则表示输入电压 u_I 比参考电压 U_{REF} 大。

根据上述分析，可得到该比较器的传输特性如图 3-14b 中实线所示。可以看出，传输特性中的线性放大区（MN 段）输入电压变化范围极小，因此可近似认为 MN 与横轴垂直。

通常把比较器的输出电压从一个电平跳变到另一个电平时对应的临界输入电压称为阈值电压或门限电压，简称为阈值，用符号 U_{TH} 表示。对这里所讨论的简单比较器，有 $U_{TH} = U_{REF}$。

也可以将图 3-14a 所示电路中的 U_{REF} 和 u_I 的接入位置互换，即 u_I 接同相输入端，U_{REF} 接反相输入端，则得到同相输入电压比较器。不难理解，同相输入电压比较器的阈值仍为 U_{REF}，其传输特性如图 3-14b 中虚线所示。

作为上述两种电路的一个特例，如果参考电压 $U_{REF} = 0$（该端接地），则输入电压超过零时，输出电压将产生跃变，这种比较器称为过零比较电路。

2. 双门限电压比较器（迟滞比较器，也称施密特触发器）

双门限电压比较器电路如图 3-15a 所示，由于输入信号由反相端加入，因此为反相迟滞比较器。为限制和稳定输出电压幅值，在电路的输出端并接了两个互为串联反向连接的稳压二极管。同时通过 R_3 将输出信号引到同相输入端即引入了正反馈。正反馈的引入可加速比较电路的转换过程。由运放的特性可知，外接正反馈时，滞回比较电路工作于非线性区，即输出电压不是正饱和电压（高电平 U_{OH} 或），就是负饱和电压（低电平 U_{OL}），二者大小不一定相等。设稳压二极管的稳压值为 U_Z，忽略正向导通电压，则比较器的输出高电平 $U_{OH} \approx U_Z$，输出低电平 $U_{OL} \approx -U_Z$。

当运放输出高电平时（$u_O = U_{OH} \approx U_Z$），根据"虚断"，有 $u_N = u_P$，运放同相端输入电压为参考电压 U_{REF} 和输出电压 U_Z 共同作用的结果，利用叠加定理有：

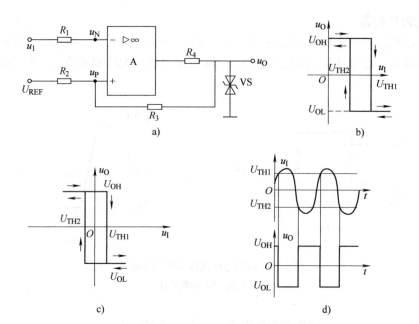

图 3-15　迟滞比较器

a) 反相迟滞比较器电路　b) 传输特性　c) $U_{REF} = 0$ 时的传输特性

d) $U_{REF} = 0$ 时 u_I 与 u_O 的波形

$$u_P = \frac{R_2 u_O}{R_2 + R_3} + \frac{R_3 U_{REF}}{R_2 + R_3} = \frac{R_3 U_{REF} + R_2 u_O}{R_2 + R_3} = \frac{R_3 U_{REF} + R_2 U_Z}{R_2 + R_3}$$

又因为输入信号 $u_I = u_N$，所以此时的输入电压和 u_P 比较，令 $u_P = U_{TH1}$ 称为上阈值电压。

$$U_{TH1} = \frac{R_3 U_{REF} + R_2 U_Z}{R_2 + R_3}$$

当运放输出低电平时（$u_O = U_{OL} \approx - - U_Z$），根据"虚断"，有 $u_N = u_P$，同理可得

$$u_P = \frac{R_2 u_O}{R_2 + R_3} + \frac{R_3 U_{REF}}{R_2 + R_3} = \frac{R_3 U_{REF} + R_2 u_O}{R_2 + R_3} = \frac{R_3 U_{REF} - R_2 U_Z}{R_2 + R_3}$$

令 $u_P = U_{TH2}$ 称为下阈值电压。

$$U_{TH2} = \frac{R_3 U_{REF} - R_2 U_Z}{R_2 + R_3}$$

得到了两个阈值电压，显然有 $U_{TH1} > U_{TH2}$。

当输入信号 $u_I = u_N$ 很小，$u_N < u_P$，则比较器输出高电平 $u_O = U_{OH}$，此时比较器的阈值为 U_{TH1}；当增大 u_I 直到 $u_I = u_N > U_{TH1}$ 时，才有 $u_O = U_{OL}$，输出高电平翻转为低电平，此时比较器的阈值变为 U_{TH2}；若 u_I 反过来又由较大值（$> U_{TH1}$）开始减小，在略小于 U_{TH1} 时，输出电平并不翻转，而是减小 u_I 直到 $u_I = u_N < U_{TH2}$ 时，才有 $u_O = U_{OH}$，输出低电平翻转为高电平，此时比较器的阈值又变为 U_{TH1}。以上过程可以简单概括为，输出高电平翻转为低电平的阈值为 U_{TH1}，输出低电平翻转为高电平的阈值为 U_{TH2}。

由上述分析可得到迟滞比较器的传输特性，如图 3-15b 所示。可见该比较器的传输特性与磁滞回线类似，故称为迟滞（或滞回）比较器。

特别是当 $U_{REF}=0$ 时，相应的传输特性如图 3-15c 所示，两个阈值则为

$$U_{TH1} = \frac{R_2 U_Z}{R_2 + R_3}$$

$$U_{TH2} = \frac{-R_2 U_Z}{R_2 + R_3}$$

显然有

$$U_{TH2} = -U_{TH1}$$

如图 3-15d 所示为 $U_{REF}=0$ 的迟滞比较器在 u_I 为正弦电压时的输入和输出电压波形。显然，其输出的方波较过零比较器延迟了一段时间。

由于迟滞比较器输出高、低电平相互翻转的阈值不同，因此具有一定的抗干扰能力。当输入信号值在某一阈值附近时，只要干扰量不超过两个阈值之差的范围，输出电压就可保持高电平或低电平不变。

令两个阈值之差为

$$\Delta U = U_{TH1} - U_{TH2} = \frac{2R_2 U_Z}{R_2 + R_3}$$

称为回差电压。回差电压是表明滞回比较器抗干扰能力的一个参数。

另外，由于迟滞比较器输出高、低电平相互翻转的过程是在瞬间完成的，即具有触发器的特点，因此又称为施密特触发器。

电压比较器将输入的模拟信号转换成输出的高低电平，输入模拟电压可能是温度、压力、流量、液面等通过传感器采集的信号，因而它首先广泛用于各种报警电路；其次，在自动控制、电子测试、模数转换、各种非正弦波的产生和变换电路中也得到广泛的应用。

任务分析

温度超限报警系统如图 3-2 所示，其系统原理框图如图 3-16 所示，这个电路使用热敏电阻，将温度引起的热敏电阻阻值变化转化为电势的变化，再经过 LM324 来控制输出，从而得到对温度上下限的控制。最后经过晶体管放大电路，完成亮灯和报警系统。

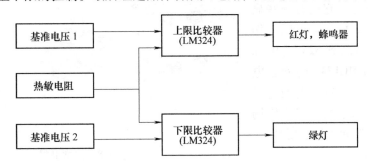

图 3-16　温度超限报警系统原理框图

一、工作原理
根据热敏电阻在温度上下限的阻值设定初始值 $R_4 = 83\Omega$，$R_5 = 20\Omega$。

（1）当温度 T 低于30℃时，$R_t > 83\Omega$，此时控制低温的运放正输入端电压大于负输入端电压，输出高电平，绿色发光二极管点亮。

（2）当温度 T 低于80℃高于30℃时，$20\Omega < R_t < 83\Omega$，高温运放的正输入端与低温运放的负输入端电压相同。此时低温运放正输入端电压小于负输入端电压，输出低电平，绿色发光二极管不亮。高温运放低输入端电压大于正输入端电压，输出低电平红色发光二极管不亮。

3. 当温度 T 高于80℃时，$R_t < 20\Omega$，此时控制高温的运放正输入端电压于大于负输入端电压，输出高电平，红色发光二极管点亮，蜂鸣器响。

二、元器件分析

1. LM324

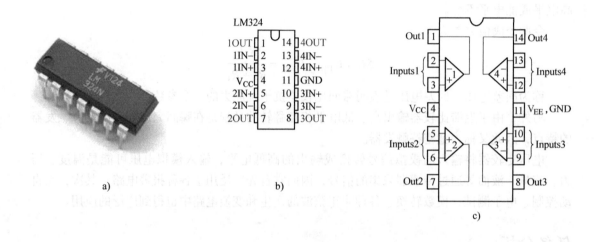

图 3-17　LM324

a）实物图　b）双列直插封装引脚图　c）内部结构

LM324 系列器件是带有差动输入的四运算放大器（见图 3-17）。与单电源应用场合的标准运算放大器相比，它们有一些显著优点。该四运算放大器可以工作在低到 3.0V 或者高到 32V 的电源下，静态电流为 MC1741 的静态电流的五分之一。共模输入范围包括负电源，因而消除了在许多应用场合中采用外部偏置元件的必要性。

2. 热敏电阻

热敏电阻通常是用半导体材料

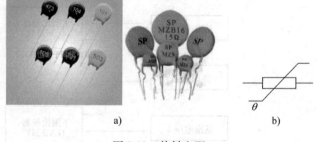

图 3-18　热敏电阻

a）实物图　b）电路符号

制成的，它的电阻随温度变化而急剧变化（见图 3-18）。热敏电阻分为负温度系数（NTC）热敏电阻和正温度系数（PTC）热敏电阻两种。NTC 热敏电阻的体积很小，其阻值随温度变化比金属电阻要灵敏得多，因此，它被广泛用于温度测量、温度控制以及电路中的温度补偿、时间延迟等。PTC 热敏电阻分为陶瓷 PTC 热敏电阻及有机材料 PTC 热敏电阻两类。PTC

热敏电阻是 20 世纪 80 年代初发展起来的一种新型材料电阻器，它的特点是存在一个"突变点温度"，当这种材料的温度超过突变点温度时，其阻值可急剧增加 5~6 个数量级（例如由 $10^1\Omega$ 急增到 $10^7\Omega$ 以上），现已被用于国内电话程控交换机、便携式计算机、手提式无绳电话等高科技领域做过载保护，应用范围很广。

热敏电阻器的型号命名分为四部分，各部分的含义见表 3-2。第一部分为字母符号，用字母"M"表示名称为敏感电阻器。第二部分用字母表示敏感电阻器的类别，"Z"表示直热式正温度系数热敏电阻器，"F"表示直热式负温度系数热敏电阻器。第三部分用数字 0~9 表示热敏电阻器的用途或特征。第四部分用数字或字母、数字混合表示序号。

表 3-2　新标准中热敏电阻器的型号命名及含义

第一部分：主称		第二部分：类别		第三部分：用途或特征		第四部分：序号
字母	含义	字母	含义	数字	含义	
M	敏感元器件	Z	直热式正温度系数热敏电阻器	1	补偿型	用数字或字母与数字混合表示序号，代表着某种规格、性能
				5	测温型	
				6	控温型	
				7	消磁型	
				9	恒温型	
		F	直热式负温度系数热敏电阻器	1	补偿型	
				2	稳压型	
				3	微波测量型	
				4	旁热型	
				5	测温型	
				6	控温型	
				7	抑制型	

例如：

MZ73A-1（直热式消磁型正温度系数热敏电阻器）	MF53-1（直热式测温型负温度系数热敏电阻器）
M——敏感元器件	M——敏感元器件
Z——直热式正温度系数热敏电阻器	F——直热式负温度系数热敏电阻器
7——消磁型	5——测温型
3A-1——序号	3-1——序号

本任务中采用的 MF51B101 是负温度系数的热敏电阻，阻值 100Ω（在 25℃ 时），±1%的精度。特别适用于 -100~300℃ 之间测温，在较小的温度范围内，其电阻—温度特性曲线是一条指数曲线，即随着温度的升高阻值不断减小。经实际测量，30℃ 时热敏电阻阻值达到 83Ω，而 80℃ 时达到 20Ω。

3. 蜂鸣器

如图 3-19 所示，蜂鸣器是一种一体化结构的电子讯响器，采用直流电压供电，蜂鸣器主要分为压电式蜂鸣器和电磁式蜂鸣器两种类型。蜂鸣器在电路中用字母"H"或"HA"（旧标准用"FM""LB""JD"等）表示。

图 3-19　蜂鸣器
a）压电式　b）电磁式

电磁式蜂鸣器由振荡器、电磁线圈、磁铁、振动膜片及外壳等组成。接通电源后，振荡器产生的音频信号电流通过电磁线圈，使电磁线圈产生磁场，振动膜片在电磁线圈和磁铁的相互作用下，周期性地振动发声。

压电式蜂鸣器主要由多谐振荡器、压电蜂鸣片、阻抗匹配器及共鸣箱、外壳等组成。多谐振荡器由晶体管或集成电路构成，当接通电源后（1.5~15V 直流工作电压），多谐振荡器起振，输出 1.5~2.5kHz 的音频信号，阻抗匹配器推动压电蜂鸣片发声。

任务实施

一、电路装配准备

结合温度超限报警系统的电路原理图，在表 3-3 中列出完成本任务会用到的电子元器件清单。

表 3-3　温度超限报警系统电子元器件清单

序　号	元件名称	在电路中的编号	型号规格	数　量	备　注

二、元器件的检测与筛选

1. 外观质量检查

电子元器件应完整无损，各种型号、规格、标志应清晰、牢固。

2. 元器件的测试

（1）检测热敏电阻（见表 3-4）。

表 3-4　热敏电阻的测量和质量判别

	图　　示	测量步骤与质量判别	注意事项
外观检测	（1）检查热敏电阻的外观有无缺损、封装是否牢靠、标识是否清晰 （2）检查热敏电阻引脚是否有松动、是否光亮、是否具有良好的可焊性		
常温检测法（室内温度接近25℃）		将指针式万用表档位调至电阻档，根据电阻器上的标称阻值选择万用表的量程（如"R×1k"档），然后将万用表红、黑表笔分别接在热敏电阻器两端的两个引脚上测其阻值，正常时所测的电阻值应接近热敏电阻器的标称值，两者相差在±2Ω内即为正常；若测得的阻值与标称值相差较远，则说明该电阻性能不良或已损坏	热敏电阻器的标称阻值通过直接标注方法标注在电阻器的表面；用万用表对于热敏电阻能否工作可做简易判断。请注意：万用表内的电池必须是新换不久的，而且在测量前应调好欧姆零点
加温检测法		将热源（如电烙铁、电吹风等）靠近热敏电阻器对其加热，同时观察万用表指针的指示阻值是否随温度的升高而增大（或减少），若是则说明热敏电阻器正常；若阻值无变化，说明热敏电阻器性能不良	热敏电阻上的标称阻值，与万用表的读数不一定相等，这是由于标称阻值是用专用仪器在25℃的条件下测得的，而万用表测量时有一定的电流通过热敏电阻而产生热量，而且环境温度不可能正是25℃，所以不可避免地产生误差

（2）检测蜂鸣器（见表 3-5）。

表 3-5　蜂鸣器的测量和质量判别

	图　　示	测量步骤与质量判别	注意事项
压电式蜂鸣器的检测	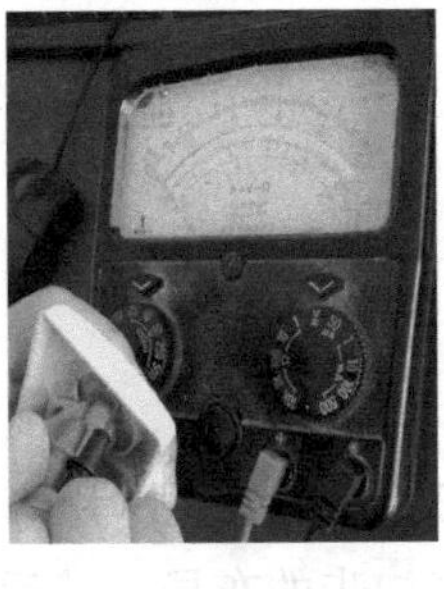	压电式蜂鸣器可用万用表的1V或2.5V直流电压档来检测。测量时，首先用左手拇指与食指轻轻捏住蜂鸣片的两面，右手持万用表的红、黑表笔，红表笔接压电蜂鸣片中间的铜基片，黑表笔横放在外围的镀银层上，然后左手拇指与食指稍用力压紧一下，随即放松	此时压电蜂鸣片会先后产生两个极性相反的电压信号，指针即左右摆动。一般来说，指针摆动越大，质量就越好。若表针只有微微摆动，则表明质量很差；若表针根本不摆动，则表明被测蜂鸣片已损坏

（续）

图　　示	测量步骤与质量判别	注意事项
电磁式蜂鸣器的检测	对于有源电磁式蜂鸣器，可为其加上合适的工作电压，正常的蜂鸣器会发出响亮的连续长鸣声或节奏分明的断续声。若蜂鸣器不响，则表明蜂鸣器已损坏或其驱动电路有问题	
	对于无源电磁式蜂鸣器，可用万用表 R×10 档测量，将黑表笔接蜂鸣器的正极，用红表笔去点触蜂鸣器的负极	正常的蜂鸣器应发出较响的"咯咯"声，万用表指针也大幅向左摆动。若无声音，万用表指针也不动，则说明蜂鸣器内部的电磁线圈已开路损坏

（3）其他元器件检测与筛选请参照前面相关资料。

三、万能板的使用

万能板（也称点阵板）是一种按照标准 IC 间距（2.54mm）布满焊盘、可按自己的意愿插装元器件及连线的印制电路板，俗称"洞洞板"（见图 3-20）。相比专业的 PCB 制版，万能板具有以下优势：使用门槛低，成本低廉，使用方便，扩展灵活。

1. 焊接前的准备

在焊接点阵板之前你需要准备足够的细导线用于走线。细导线分为单股的和多股的：单股硬导线可将其弯折成固定形状，剥皮之后还可以当作跳线使用；多股细导线质地柔软，焊接后显得较为杂乱。

万能板具有焊盘紧密等特点，这就要求烙铁头有较高

图 3-20　万能板

的精度，建议使用功率 30W 左右的尖头电烙铁。同样，焊锡丝也不能太粗，建议选择线径为 0.5~1mm 的。

2. 万能板的焊接方法

对于元器件在点阵板上的布局，大多数人习惯"顺藤摸瓜"，就是以芯片等关键器件为中心，其他元器件见缝插针的方法。初学者可以先在纸上画好初步的布局，然后用铅笔画到点阵板正面（元件面），继而也可以将走线也规划出来，方便自己焊接。点阵板一般是利用

前面提到的细导线进行飞线连接，飞线连接没有太大的技巧，但应尽量做到水平和竖直走线，整洁清晰（见图3-21）。

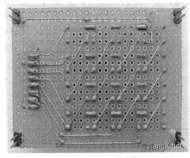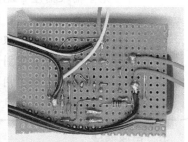

图3-21　万能板作品（焊接面）

很多初学者焊的板子很不稳定，容易短路或断路。除了布局不够合理和焊工不良等因素外，缺乏技巧是造成这些问题的重要原因之一。掌握一些技巧可以使电路反映到实物硬件的复杂程度大大降低，减少飞线的数量，让电路更加稳定。

万能板的焊接需要大量的跨接、跳线等，不要急于剪断元器件多余的引脚，有时候直接跨接到周围待连接的元器件引脚上会事半功倍。另外，本着节约材料的目的，可以把剪断的元器件引脚收集起来作为跳线用材料。特别强调要善于设置跳线，如图3-22所示，多设置跳线不仅可以简化连线，而且使部局美观。

图3-22　万能板跳线的使用

四、电路组装

（1）用万用表检测元器件的性能和好坏后，清除元件的氧化层，搪锡并引线成型。

（2）剥去导线的线端绝缘，清除氧化层，均加以搪锡处理。

（3）晶体管、极性电容器等有极性元器件在安装时注意极性，切勿安错。

（4）集成电路不要直接焊接在电路板上，要安装在集成电路插座上。

（5）插装元器件，经检查无误后，焊接固定。

（6）将各个元件用导线连接起来，组成完整的电路。

（7）完成所有器件的导线焊接后，首先要对照原理图仔细认真检查一遍，看看有没遗漏的导线、没焊好或焊错的导线；要检查焊点是否合格，并清洁焊接表面。

万能板的插装与焊接要注意以下几点。

（1）最好先设计装配图，按装配图将元器件插装在万能板上，安装的原则是先低后高，先里后外，上道工序不得影响下道工序的安装。

（2）电阻器等圆柱形的元件采用卧式安装，占用四个焊盘，紧贴版面，色标法电阻器的色码标志顺序应一致。

（3）集成电路应安装相应插座，插座的标记口的方向与实际的集成电路的标记口方向应一致，将集成电路插入插座时，应避免插反及引脚未完全插入插座等现象。16 脚的插座占 4×8 个焊盘，14 脚的插座占 4×7 个焊盘。

（4）发光二极管占用两个焊盘，引脚高度与集成电路高度应相等。

（5）电容器引脚高度为 3mm。

（6）按钮占用 3×4 个焊盘。

（7）所有焊盘均采用直脚焊，焊后剪去多余引脚。

五、电路调试

1. 目视检测

电路安装完成后，首先对照电路原理图检查各元器件有无错焊、漏焊和虚焊等情况，并判断接线是否正确，元器件的引脚是否连接正确，布线是否符合要求。

2. 通电检测

按以下步骤调试并做好记录。

（1）检查各元器件有无错焊、漏焊和虚焊等情况，并判断接线是否正确。

（2）接通电源，观察有无异常现象，如是否有发热、冒烟等现象，发现异常立即断电，检查元件是否有错装、漏焊等现象。

（3）测试并记录。调试过程中，若出现故障或人为在电路的关键点设置故障点，对照电路原理图，讨论并分析故障原因及解决办法，记录在表 3-6 中。

表 3-6　故障检修

问　　题	基本原因	解决方法

六、实训报告要求

（1）分别画出温度超限报警系统原理图及原理框图。

（2）完成测试记录。

（3）分析温度超限报警系统的组成，它们的作用是什么？

知识链接

集成电路的小知识

集成电路是利用半导体工艺和薄膜工艺将一些晶体管、电阻、电容、电感以及连线等制作在同一硅片上，使之成为具有特定功能的电路，并封装在特定的壳中。集成电路与分立元件相比具有体积小、重量轻、成本低、功耗小、可靠性高等优点。

1. 集成电路分类及特点

集成电路按功能不同分模拟集成电路和数字集成电路。模拟集成电路分为线性和非线性两种，其中线性集成电路包括直流运算放大器、音频放大器等。非线性集成电路包括模拟乘法器、比较器、A-D（D-A）转换器；数字集成电路包括触发器、存储器、微处理器和可编程器件。按集成度可分为小规模集成电路（SSI）、中规模集成电路（MSI）、大规模集成电路（LSI）、超大规模集成电路（VLSI）及系统芯片（SOC，其集成度已达1000～2500万门）。按外形可分为圆形、扁平型和双列直插型等，如图3-23所示。按导电类型不同可分为单极型集成电路和双极型集成电路。双极型集成电路工作速度快，但功耗较大，而且制造工艺复杂，如TTL和ECL集成电路。单极型集成电路工艺简单、功耗低，工作电源电压范围较宽，但工作速度慢，如CMOS、PMOS和NMOS集成电路。

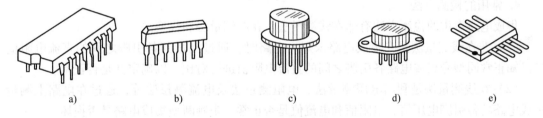

图 3-23　集成电路封装

a）双列直插封装　b）单列直插封装　c）TO-5 型封装　d）F 型封装　e）陶瓷扁平封装

2. 集成电路外形

使用集成电路前，必须认真查对、识别集成电路的引脚，确认电源、地、输入、输出、控制等的引脚号，以免因错接而损坏器件。引脚排列的一般规律为：圆形集成电路识别时，面向引脚正视，从定位销顺时针方向依次为1、2、3、4…如图3-24a所示，圆形多用于模拟集成电路；扁平和双列直插型集成电路识别时，将文字符号标记正放（一般集成电路上有一圆点或有一缺口，将缺口或圆点置于左方），由顶部俯视，从左下脚起，按逆时针方向数，依次为1、2、3、4…如图3-24b所示，扁平型多用于数字集成电路。双列直插式封装广泛应用于模拟和数字集成电路。

3. 集成电路使用注意事项

（1）集成电路使用时，电源电压要符合要求。TTL电路为 +5V，CMOS电路为3～18V，电压要稳，滤波要好。切记不要带电拔插集成电路。

（2）集成电路使用时，要考虑系统的工作速度，工作速度较高时，宜用TTL电路（工

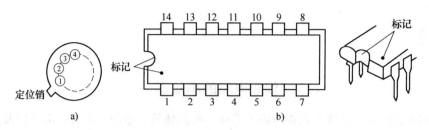

图 3-24 集成电路外引线的识别
a) 圆形 b) 扁平和双列直插型

作频率 >1MHz）；工作速度较低时，应用 CMOS 电路。

（3）集成电路使用时，不允许超过其规定的极限参数。

（4）CMOS 集成电路多余的输入端绝对不能悬空，要根据逻辑关系进行处理。输出端不允许与电源或地短路，输出端不允许并联使用。

（5）集成电路焊接时，不得使用大于 45W 的电烙铁，连续焊接时间不能超过 10s。

（6）MOS 集成电路要防止静电感应击穿，焊接时要保证电烙铁外壳可靠接地，若无接地线可将电烙铁电源拔下，利用余热焊接。必要时焊接者还应带上防静电手环，穿着防静电服装和防静电鞋子。在存放 MOS 集成电路时，必须将其收藏在金属盒内或用金属箔包起。

4. 常用的检测方法

集成电路常用的检测方法有非在线测量法、在线测量法和代换法。

（1）非在线测量法是在集成电路未焊入电路时，通过测量其各引脚之间的直流电阻值与已知正常同型号集成电路各引脚之间的直流电阻值进行对比，以确定其是否正常。

（2）在线测量法是利用电压测量法、电阻测量法及电流测量法等，通过在电路上测量集成电路的各引脚电压值、电阻值和电流值是否正常，来判断该集成电路是否损坏。

（3）代换法是用已知完好的同型号、同规格集成电路来代换被测集成电路，可以判断出该集成电路是否损坏。

评价标准（见表 3-7）

表 3-7 任务评分表

姓名：_____ 学号：_____ 合计得分：_____

内　容	考核要求	配分	评分标准	学生自评	小组评分	教师评分	综合
任务资讯掌握情况	（1）明确文字、图形符号意义、各元件的作用 （2）能熟练掌握温度超限报警系统的工作原理并进行分析	10	（1）错误解释文字、图形符号意义，每个扣 1 分 （2）错误说明设备、元器件在电路中的作用，每个扣 1 分 （3）电路原理不清楚扣 5 分				

（续）

内　容		考核要求	配分	评分标准	学生自评	小组评分	教师评分	综合
电路安装准备	识别元器件	正确识别热敏电阻、蜂鸣器等电子元器件	5	（1）元器件型号每识错一个扣1分 （2）元器件规格每识错一个扣1分				
	选用仪器、仪表	（1）能详细列出元件、工具、耗材及使用仪器、仪表清单 （2）能正确使用仪器、仪表	5	（1）错误选择仪器、仪表扣3分 （2）使用方法不正确扣1分 （3）测试结果错误扣4分				
	选用工具	正确选择本任务所需工具、仪器、仪表等	5	（1）错误选择工具、器具类别、规格均扣1分 （2）使用方法不正确扣2分				
电路安装	元器件	元器件完好无损坏	5	一处不符合扣1分				
	焊接	无虚焊，焊点美观符合要求	10	一处不符合扣1分				
	接线	按图接线，接线牢固、规范，布线美观，横平竖直	10	一处不符合扣1分				
	安装	安装正确，完整	5	一处不符合扣1分				
电路调试	故障现象分析与判断	正确分析故障现象发生的原因，判断故障性质	5	（1）逻辑分析错误扣2分 （2）测试判断故障原因错误扣2分 （3）判断结果错误扣3分				
	故障处理	方法正确	5	（1）处理方法错误扣2分 （2）处理结果错误扣3分				
	波形测量	正确使用示波器测量波形，测量的结果要正确	5	一处不符合扣1分				
	电压测量	正确使用万用表测量波形，测量的结果要正确	5	一处不符合扣1分				
通电试运行		试运行一次成功	5	一次试运行不成功扣3分				
任务报告书完成情况		（1）语言表达准确，逻辑性强 （2）格式标准，内容充实、完整 （3）有详细的项目分析、制作调试过程及数据记录	10	根据完成质量评定				
安全与文明生产		（1）严格遵守实习生产操作规程 （2）安全生产无事故	5	（1）违反规程每一项扣2分 （2）操作现场不整洁扣2分 （3）不听指挥或误操作，发生严重设备和人身事故，取消考试资格				
职业素养		（1）学习、工作积极主动，遵时守纪 （2）团结协作精神好 （3）踏实勤奋，严谨求实	5					
合　计			100					

巩固提高

一、填空题

1. 理想集成运算放大器两输入端电位_____，输入电流_____。

2. 理想运放不论工作在线性区还是非线性区，它的两个输入端均不从信号源索取电流，这种现象称为_____。

3. 集成运算放大器的两个输入端分别为_____输入端和_____输入端，前者的极性与输出端_____，后者的极性与输出端_____。

4. 二极管的最主要特性是_____，它的两个主要参数是反映正向特性的_____和反映反向特性的_____。

5. 集成运算放大器是一种采用_____耦合方式的放大电路，因此低频性能_____，最常见的问题是_____。

6. 理想运算放大器的开环电压增益为_____，输出电阻为_____。

7. 积分运算电路可将输入的方波变为_____输出，微分运算电路当输入电压为矩形波时，则输出信号为_____波形。

8. 理想运放工作在线性区是，它的两个输入端电位_____，在这种现象称为_____。

9. 电压比较器_____的特性不成立，而_____的特性依然成立。

10. 理想运放同相输入端和反相输入端的"虚短"指的是_____。

二、判断题

(   ) 1. "虚地"是指该点与接地点等电位。

(   ) 2. 在运算电路中，同相输入端和反相输入端均为"虚地"。

(   ) 3. 产生零点漂移的原因主要是晶体管参数受温度的影响。

(   ) 4. 集成运放在开环情况下一定工作在非线性区。

(   ) 5. 电压比较器的"虚短"特性不成立，而"虚断"的特性依然成立。

(   ) 6. 差动放大电路的放大倍数越大，其抑制零点漂移的能力越强。

(   ) 7. 反相器既能使输入信号倒相，又具有电压放大作用。

三、选择题

1. 当集成运算放大器作为比较器电路时，集成运放工作于（   ）区。

A. 线性   B. 非线性   C. 线性和非线性

2. 电压比较器中，集成运放工作在（   ）状态。

A. 放大   B. 开环放大   C. 闭环放大

3. 方波发生器中电容两端电压为（   ）波。

A. 矩形   B. 三角   C. 锯齿

4. 集成运放工作在线性放大区，由理想工作条件得出两个重要规律是（   ）。

A. $U_+ = U_- = 0$, $i_+ = i_-$ B. $U_+ = U_- = 0$, $i_+ = i_- = 0$

C. $U_+ = U_-$, $i_+ = i_- = 0$ D. $U_+ = U_- = 0$, $i_+ \neq i_-$

5. 集成运放的实质是一个（   ）的多级放大电路。

A. 阻容耦合式   B. 直接耦合式   C. 变压器耦合式   D. 三者都有

6. 共模抑制比是差分放大电路的一个主要技术指标，它反映放大电路（   ）。

A. 输入电阻高   B. 输出电阻低   C. 放大差模抑制共模

任务四　家用调光灯电路的安装与调试

任务引入

炎热夏天，风速可调电扇给人们带来了徐徐凉风；书房里，调光台灯的广泛应用给生活带来了很多方便。这些电器都是运用了晶闸管电路。本任务就是安装与调试一个家用调光灯电路。图4-1为家用调光灯电路散件及安装完成的成品，图4-2为本任务采用的电路原理图。

图4-1　家用调光灯电路散件及安装完成的成品

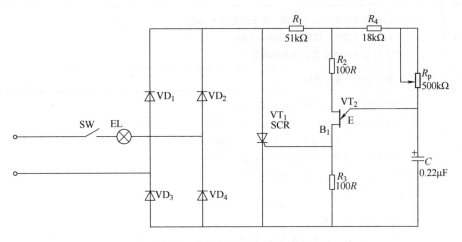

图4-2　家用调光灯电路原理图

学习目标

（1）能根据电路原理图，叙述家用调光灯电路的工作原理。
（2）能正确使用仪器仪表，并能进行维护保养。
（3）能列出电路所需的电子元器件清单。

（4）能对所选的电子元器件进行识别与检测，为下一步焊接做准备。

（5）能正确安装电子元器件。

（6）能合理、准确地焊接电路，避免错焊、漏焊、虚焊。

（7）能正确调试电路。

（8）能进行自检、互检，判断所制作的产品是否符合要求。

（9）能按照国家相关环保规定和工厂要求，进行安全文明生产。

（10）能按照实训工厂的规定填写交接班记录。

任务书

表 4-1　家用调光灯电路的安装与调试任务书

时间：　　　　　组别：　　　　　姓名：

任务名称	家用调光灯电路的安装与调试	学时	30 学时
任务描述	目前，台灯已经广泛应用在日常生活中，它给人们的生活带来了很多方便。现在某厂商需要一批家用调光灯，厂房暂时没货，工厂要求我们在 6 天内完成 12 个家用调光灯的制作，要求灯光能明暗变化		
任务目标	（1）通过翻阅资料及教师指导，明确家用调光灯的分类及其工作原理 （2）能正确画出家用调光灯的装配图 （3）能识别与检测家用调光灯中用到的电子元器件 （4）能正确安装与调试家用调光灯 （5）能总结出完成任务过程中遇到的问题及解决的办法		
资讯内容	（1）如何画家用调光灯的原理图？需要注意哪些问题？ （2）如何识别元器件？需要用到哪些仪表？ （3）安装与调试电路需要注意哪些问题？		
参考资料	教材、网络及相关参考资料		
实施步骤	（1）分组讨论生活中用到的台灯类型及其应用 （2）分组讨论家用调光灯原理图的画法及元器件清单的列表法并展示 （3）小组分工识别并检测家用调光灯中所用到的电子元器件 （4）小组分工合作完成家用调光灯的安装与调试 （5）小组推选代表展示成果，各小组互评 （6）教师总评、总结		
作业	（1）完成相关测量要求 （2）撰写总结报告，包括完成任务过程中遇到的问题及解决办法		

相关知识

一、认识晶闸管

晶体闸流管又名可控硅，简称晶闸管，是在晶体管基础上发展起来的一种大功率半导体器件（见图 4-3）。晶闸管自 1958 年问世以来，已发展成门类齐全，型号众多的半导体器件。它的出现使半导体器件由弱电领域扩展到强电领域。晶闸管也像半导体二极管那样具有单向导电性，但它的导通时间是可控的，主要用于整流、逆变、调压及开关等方面。以下重点介绍本任务中用到的单向晶闸管。

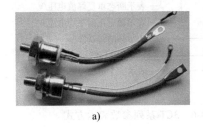   

a)　　　　　　　　　　b)　　　　　　　　c)　　　　　d)

图4-3　常见的晶闸管实物照片

a）螺栓型双向晶闸管　b）MCR100-8 开关小功率晶闸管

c）平板式双向晶闸管　d）MCR100-6 塑封晶闸管

1. 单向晶闸管的结构、符号及其类型

单向晶闸管的内部结构如图 4-4a 所示，它是由 PNPN 四层半导体材料构成的三端半导体器件，三个引出端分别为阳极 A、阴极 K 和门极 G。单向晶闸管的阳极与阴极之间具有单向导电的性能，其内部可以等效为由一只 PNP 晶体管和一只 NPN 晶体管组成的复合管，如图 4-4b 所示。图 4-4c 是其电路图形符号。

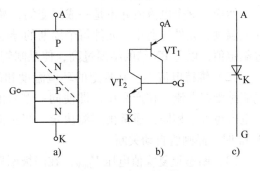

2. 晶闸管的工作特性

（1）正向阻断状态。当晶闸管的阳极 A 和阴极 K 之间加正向电压而门极不加电压时，管子不导通，称为正向阻断状态。

图4-4　普通晶闸管

a）结构图　b）等效电路　c）电路图形符号

（2）触发导通状态。当晶闸管的阳极 A 和阴极 K 之间加正向电压且门极和阴极之间也加正向电压时，如图 4-4b 若 VT_2 管的基极电流为 I_{B2}，则其集电极电流为 I_{C2}；VT_1 管的基极电流 I_{B1} 等于 VT_2 管的集电极电流 I_{C2}，因而 VT_1 管的集电极电流 I_{C1} 为 βI_{C2}；该电流又作为 VT_2 管的基极电流，再一次进行上述放大过程，形成正反馈。在很短的时间内（一般不超过几微秒），两只管子均进入饱和状态，使晶闸管完全导通，这个过程称为触发导通过程。当它导通后，门极就失去控制作用，管子依靠内部的正反馈始终维持导通状态。此时阳极和阴极之间的电压一般为 0.6 ~ 1.2V，电源电压几乎全部加在负载电阻上；阳极电流可达几十至几千安。

（3）正向关断。使阳极电流 I_F 减小到小于一定数值 I_H，导致晶闸管不能维持正反馈过程而变为关断，这种关断称为正向关断，I_H 称为维持电流；如果在阳极和阴极之间加反向电压，晶闸管也将关断，这种关断称为反向关断。

因此，晶闸管的导通条件为：在阳极和阴极间加电压，同时在门极和阴极间加正向触发电压。其关断方法为：减小阳极电流或改变阳极与阴极的极性。

3. 晶闸管的型号及主要参数

晶闸管的型号如图 4-5、图 4-6 所示。

90

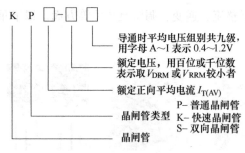

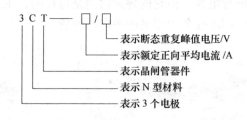

图 4-5　KP 系列参数表示方式　　　　图 4-6　3CT 系列参数表示方式

为了正确地选择和使用晶闸管，还必须了解它的电压、电流等主要参数的意义。晶闸管的主要参数有以下几项。

（1）额定正向平均电流 I_F。在规定的散热条件和环境温度及全导通的条件下，晶闸管可以连续通过的工频正弦半波电流在一个周期内的平均值，称为正向平均电流 $I_{T(AV)}$，例如 50A 晶闸管就是指 $I_{T(AV)}$ 值为 50A。

然而，这个电流值并不是一成不变的，晶闸管允许通过的最大工作电流还受冷却条件、环境温度、元件导通角、元件每个周期的导电次数等因素的影响。工作中，阳极电流不能超过额定值，以免 PN 结的结温过高，使晶闸管烧坏。

（2）维持电流 I_H。在规定的环境温度和门极断开情况下，维持晶闸管导通状态的最小电流称维持电流。在产品中，即使同一型号的晶闸管，维持电流也各不相同，通常由实测决定。当正向工作电流小于 I_H 时，晶闸管自动关断。

（3）断态重复峰值电压 V_{DRM}。在门极断路和晶闸管正向阻断的条件下，可以重复加在晶闸管两端的最大正向峰值电压，用 V_{DRM} 表示。使用时若电压超过此值，则晶闸管即使不加触发电压也能从正向阻断转为导通。

（4）反向重复峰值电压 V_{RRM}。在门极断开时，可以重复加在晶闸管两端的反向峰值电压，用 V_{RRM} 表示。

（5）门极触发电压 V_{GT} 和电流 I_{GT}。在晶闸管的阳极和阴极之间加 6V 直流正向电压后，能使晶闸管完全导通所必需的最小门极电压和门极电流。

（6）浪涌电流 I_{TSM}。在规定时间内，晶闸管中允许通过的最大正向过载电流，此电流应不致使晶闸管的结温过高而损坏。在元件的寿命期内，浪涌的次数有一定的限制。

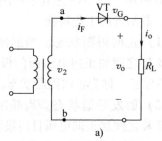

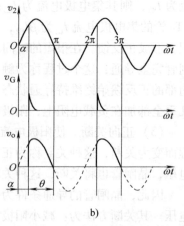

图 4-7　单相可控半波整流电路与波形
a）电路图　b）波形图

二、单相可控整流电路

1. 单相可控半波整流电路

（1）电路组成。单相可控半波整流电路如图 4-7a 所示。它与单相半波整流电路相比较，所不同的只是用晶闸管代替了整流二极管。

（2）工作原理。接上电源，在电压 v_2 正半周开始时，如果电路中 a 点为正，b 点为负，对应在图 4-7b 的 α 角范围内。此时晶闸管 VT 两端具有正向电压，但是由于晶闸管的门极上没有触发电压 v_G，因此晶闸管不能导通。

经过 α 角度后，在晶闸管的门极上加上触发电压 v_G，如图 4-7b 所示。晶闸管 VT 被触发导通，负载电阻中开始有电流通过，在负载两端出现电压 v_o。在 VT 导通期间，晶闸管压降近似为零。

这 α 角称为触发延迟角（又称移相角），是晶闸管阳极从开始承受正向电压到出现触发电压 v_G 之间的角度。改变 α 角度，就能调节输出平均电压的大小。α 角的变化范围称为移相范围，通常要求移相范围越大越好。

经过 π 角度以后，v_2 进入负半周，此时电路 a 端为负，b 端为正，晶闸管 VT 两端承受反向电压而截止，所以 $i_o = 0$，$v_o = 0$。

在第二个周期出现时，重复以上过程。晶闸管导通的角度称为导通角，用 θ 表示。由图 4-7b 可知，$\theta = \pi - \alpha$。

（3）电路的参数计算。当变压器二次电压为 $v_2 = \sqrt{2}V_2\sin\omega t$ 时，负载电阻 R_L 上的直流平均电压可以用触发延迟角 α 表示，即

$$V_o = 0.45V_2\frac{1+\cos\alpha}{2}$$

根据欧姆定律，负载电阻 R_L 中的直流平均电流为

$$I_o = \frac{V_o}{R_L} = 0.45\frac{V_2}{R_L}\frac{1+\cos\alpha}{2}$$

此电流即为通过晶闸管的平均电流。

2. 单相半控桥式整流电路

（1）电路组成。单相半控桥式整流电路如图 4-8a 所示。其主电路与单相桥式整流电路相比，只是其中两个桥臂中的二极管被晶闸管 VT_1、VT_2 所取代。

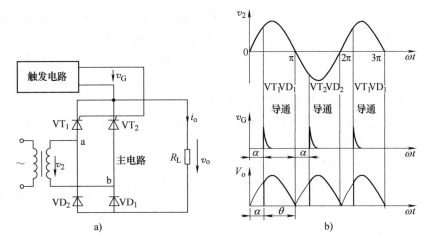

图 4-8　单相半控桥式整流电路与波形

a）电路图　b）波形图

（2）工作原理。接上交流电源后，在变压器二次电压 v_2 正半周时（a 端为正，b 端为负），VT_1、VD_1 处于正向电压作用下，当 $\omega t = \alpha$ 时，门极引入的触发脉冲 v_G 使 VT_1 导通，电流的通路为：a→VT_1→R_L→VD_1→b，这时 VT_2 和 VD_2 均承受反向电压而阻断。在电源电压 v_2 过零时，VT_1 阻断，电流为零。同理在 v_2 的负半周（a 端为负，b 端为正），VT_2、VD_2 处于正向电压作用下，当 $\omega t = \pi + \alpha$ 时，门极引入的触发脉冲 v_G 使 VT_2 导通，电流的通路为：b→VT_2→R_L→VD_2→a，这时 VT_1、VD_1 承受反向电压而阻断。当 v_2 由负值过零时，VT_2 阻断。可见，无论 v_2 在正或负半周内，流过负载 R_L 的电流方向是相同的，其负载两端的电压波形如图 4-8b 所示。

由图 4-8b 可知，输出电压平均值比单相半波可控整流大一倍。即

$$V_o = 0.9V_2 \frac{1 + \cos\alpha}{2}$$

从上式看出，当 $\alpha = 0$ 时（$\theta = \pi$）晶闸管在半周内全导通，$V_o = 0.9V_2$，输出电压最高，相当于不可控二极管单相桥式整流电压。若 $\alpha = \pi$，$V_o = 0$，这时 $\theta = 0$，晶闸管全关断。

根据欧姆定律，负载电阻 R_L 中的直流平均电流为

$$I_o = \frac{V_o}{R_L} = 0.9 \frac{V_2}{R_L} \frac{1 + \cos\alpha}{2}$$

流经晶闸管和二极管的平均电流为

$$I_{VT} = I_{VD} = \frac{1}{2}I_o$$

晶闸管和二极管承受的最高反向电压均为 $\sqrt{2}V_2$。

综上所述，可控整流电路是通过改变触发延迟角的大小实现调节输出电压大小的目的，因此，也称为相控整流电路。

三、单结晶体管触发电路

1. 认识单结晶体管

如图 4-9 所示，它的外形与普通晶体三极管相似，具有三个电极，但不是晶体三极管，而是具有三个电极的二极管，管内只有一个 PN 结，所以称之为单结晶体管。三个电极中，一个是发射极，两个是基极，所以也称为双基极二极管。

（1）结构与符号。单结晶体管的结构如图 4-10a 所示。它有三个电极，但在结构上只有一个 PN 结。有发射极 E，第一基极 B_1 和第二基极 B_2，其符号见图 4-10b。

（2）伏安特性。单结晶体管的等效电路如图 4-10c 所示，两基极间的电阻为 $R_{BB} = R_{B1} + R_{B2}$，用 D 表示 PN 结。R_{BB} 的阻值范围为 2 ～15kΩ 之间。如果在 B_1、B_2 两个基极间加上电压 V_{BB}，则 A 与 B_1 之间即 R_{B1} 两端得到的电压为

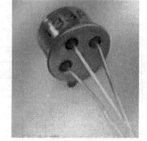

图 4-9 单结晶体管外形图

$$V_A = \frac{R_{B1}}{R_{B1} + R_{B2}}V_{BB} = \eta V_{BB}$$

式中 η 称为分压比，它与管子的结构有关，一般在 $0.3 \sim 0.8$ 之间，η 是单结晶体管的主要参数之一。

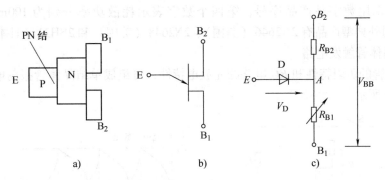

图 4-10　单结晶体管

a）结构示意图　b）符号　c）结构等效电路

单结晶体管的伏安特性是指它的发射极电压 V_E 与流入发射极电流 I_E 之间的关系。图 4-11a 是测量伏安特性的实验电路，在 B_2、B_1 间加上固定电源 E_B，获得正向电压 V_{BB} 并将可调直流电源 E_E 通过限流电阻 R_E 接在 E 和 B_1 之间。

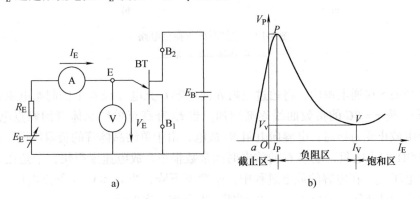

图 4-11　单结晶体管伏安特性

a）测试电路　b）伏安特性

当外加电压 $V_E < \eta V_{BB} + V_D$ 时（V_D 为 PN 结正向压降），PN 结承受反向电压而截止，故发射极回路只有微安级的反向电流，单结晶体管处于截止区，如图 4-11b 的 aP 段所示。

在 $V_E = \eta V_{BB} + V_D$ 时，对应于图 4-11b 中的 P 点，该点的电压和电流分别称为峰点电压 V_P 和峰点电流 I_P。由于 PN 结承受了正向电压而导通，此后 R_{B1} 急剧减小，V_E 随之下降，I_E 迅速增大，单结晶体管呈现负阻特性，负阻区如图 4-11b 中的 PV 段所示。

V 点的电压和电流分别称为谷点电压 V_V 和谷点电流 I_V。过了谷点以后，I_E 继续增大，V_E 略有上升，但变化不大，此时单结晶体管进入饱和状态，图 4-11b 中对应于谷点 V 以右的特性，称为饱和区。当发射极电压减小到 $V_E < V_V$ 时，单结晶体管由导通恢复到截止状态。

综上所述，峰点电压 V_P 是单结晶体管由截止转向导通的临界点。

$$V_P = V_D + V_A \approx V_A = \eta V_{BB}$$

所以，V_P 由分压比 η 和电源电压决定 V_{BB}。

谷点电压 V_V 是单结晶体管由导通转向截止的临界点。一般 $V_V = 2 \sim 5V$（$V_{BB} = 20V$）。

国产单结晶体管的型号有 BT31 ~ BT37，其中 B 表示半导体，T 表示特种管，3 表示有三个引出端，末尾数字是产品序号，第四个数字表示耗散功率分别为 100mW、200mW、300mW 等。国外典型产品有 2N2646（美国）、2N2648（美国）和 2SH21（日本）等。

2. 单结晶体管触发电路

单结晶体管的负阻特性和 RC 电路的充放电特性，可组成单结晶体管振荡电路，其基本电路如图 4-12 所示。

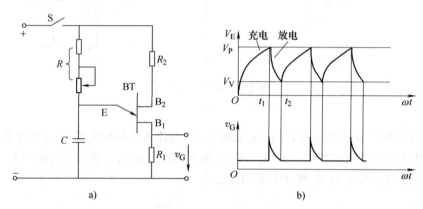

图 4-12　单结晶体管振荡电路

a）电路图　b）波形图

当合上开关 S 接通电源后，将通过电阻 R 向电容 C 充电（设 C 上的起始电压为零），电容两端电压 v_C 按 $\tau = RC$ 的指数曲线逐渐增加。当 v_C 升高至单结晶体管的峰点电压 V_P 时，单结晶体管由截止变为导通，电容向电阻 R_1 放电，由于单结晶体管的负阻特性，且 R_1 又是一个 $50 \sim 100\Omega$ 的小电阻，电容 C 的放电时间常数很小，放电速度很快，于是在 R_1 上输出一个尖脉冲电压 v_G。在电容的放电过程中，v_E 急剧下降，当 $v_E \leqslant V_V$（谷点电压）时，单结晶体管便跳变到截止区，输出电压 v_G 降到零，即完成一次振荡。

放电一结束，电容又开始重新充电并重复上述过程，结果在 C 上形成锯齿波电压，而在 R_1 上得到一个周期性的尖脉冲输出电压 v_G，如图 4-12b 所示。

调节 R（或变换 C）以改变充电的速度，从而调节图 4-12b 中的 t_1 时刻，如果把 v_G 接到晶闸管的门极上，就可以改变触发延迟角 α 的大小。

任务分析

家用调光灯电路如图 4-2 所示，其电路原理框图如图 4-13 所示。由 VT_2、R_2、R_3、R_4、R_P、C 组成单结晶体管张弛振荡器。接通电源前，电容 C 上电压为零。接通电源后，电容经由 R_4、R_P 充电，电容的电压逐渐升高。当达到峰点电压时，E—B_1 间导通，电容

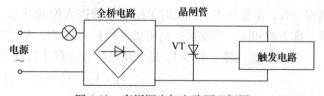

图 4-13　家用调光灯电路原理框图

上电压经 E—B_1 向电阻 R_3 放电。当电容上的电压降到谷点电压时，单结晶体管恢复阻断状态。此后，电容又重新充电，重复上述过程，结果在电容上形成锯齿状电压，在 R_3 上则形成脉冲电压。此脉冲电压作为晶闸管 VT_1 的触发信号。在 $VD_1 \sim VD_4$ 桥式整流输出的每一个半波时间内，振荡器产生的第一个脉冲为有效触发信号。

调节电位器 R_P，就可以改变晶闸管的触发延迟角 α 的大小，改变单结晶体管触发电路输出的触发脉冲的周期，从而即改变输出电压的大小，这样就可以改变灯泡的亮暗。

家用调光灯各部分作用如下：

整流电路——将交流电变成单方向的脉动直流电。

触发电路——给晶闸管提供可控的触发脉冲信号。

晶闸管——根据触发信号出现的时刻（即触发延迟角 α 的大小），实现可控导通，改变触发信号到来的时刻，就可改变灯泡两端交流电压的大小，从而控制灯泡的亮度。

任务实施

一、电路装配准备

结合家用调光灯的电路原理图，在表 4-2 中列出完成本任务会用到的电子元器件清单。

表 4-2　家用调光灯电子元器件清单

序号	元件名称	在电路中的编号	型号规格	数　量	备　注

二、元器件的检测与筛选

1. 外观质量检查

电子元器件应完整无损，各种型号、规格、标志应清晰、牢固。

2. 元器件的测试

（1）检测晶闸管（见表4-3）。

表4-3　晶闸管的测量和质量判别

图　　示	测量步骤与质量判别	注意事项
常见晶闸管引脚排列 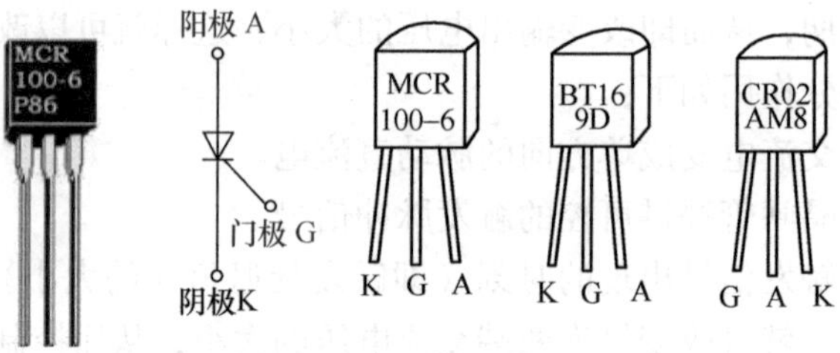		
判别电极 	 将万用表 R×1k 档，测量三脚之间的阻值，阻值小的两脚分别为门极和阴极，所剩的一脚为阳极。再将万用表置于 R×10k 档，用手指捏住阳极和另一脚，且不让两脚接触，黑表笔接阳极，红表笔接剩下的一脚，如表针向右摆动，说明红表笔所接为阴极，不摆动则为门极	
判别好坏 	 在正常情况下，晶闸管的 G-K 是一个 PN 结，具有 PN 结的特性，而 G-A，A-K 之间存在反向串联的 PN 结	如果 G-K 之间的正反向电阻都为零，或者 G-K，A-K 之间的正反向电阻都很小，说明晶闸管内部击穿短路。如果 G-K 之间的正反向电阻都很大，说明晶闸管内部断路
检测触发功能 	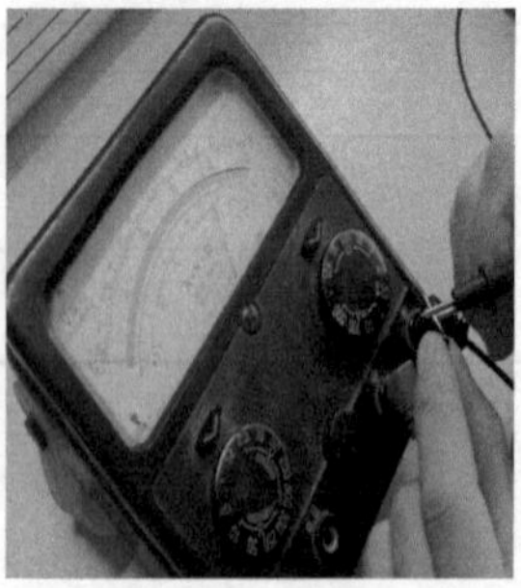 将万用表 R×1k 档，红表笔接阴极 K，黑表笔接阳极 A，在黑表笔接阳极 A 的瞬间碰触门极 G（给 G 极加信号），万用表指针向右偏转，说明晶闸管已经导通。此时即使黑表笔与门极断开，晶闸管仍然保持导通状态	

（2）检测单结晶体管（见表 4-4）。

表 4-4　单结晶体管的测量和质量判别

	图　示	测量步骤与质量判别	注意事项
外观判断	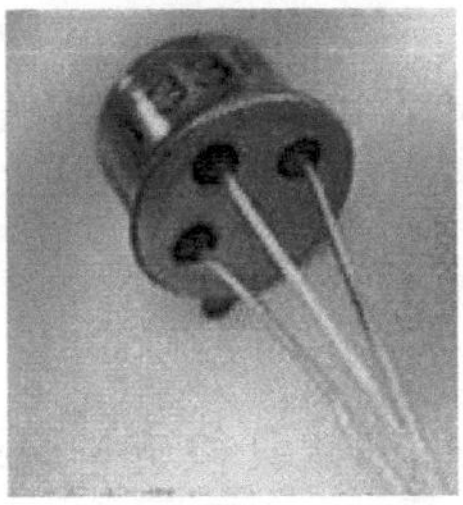 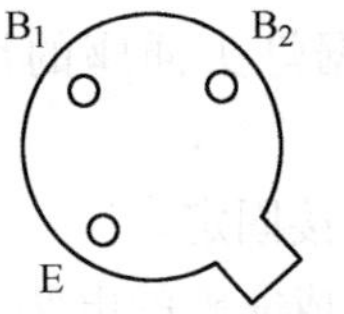 单结晶体管 BT33 引脚排列 $(R_{B2} > R_{B1})$		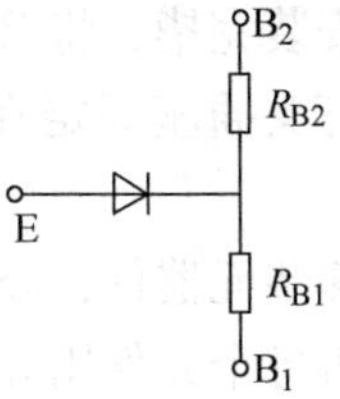
判别电极	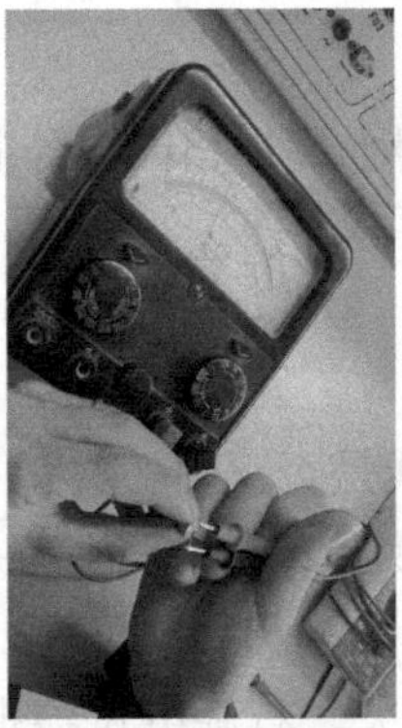	将万用表置于 R×100 档或 R×1k 档，黑表笔接假设的发射极，红表笔接另外两极，当出现两次低电阻时，黑表笔接的就是单结晶体管的发射极。然后用黑表笔接发射极，红表笔分别接另外两极，两次测量中，电阻大的一次，红表笔接的就是 B_1 极	也可以通过观察管壳的凸起标志，顺时针依次为 "E、B_1、B_2"
判别好坏		用万用表 R×1k 档，将黑表笔接发射极 E，红表笔依次接两个基极（B_1 和 B_2），正常时均应有几千欧至十几千欧的电阻值。再将红表笔接发射极 E，黑表笔依次接两个基极，正常时阻值为无穷大	
		两个基极（B_1 和 B_2）之间的正、反向电阻值均为 2～10kΩ 范围内，若测得某两极之间的电阻值与上述正常值相差较大时，则说明该管已损坏	

三、电路组装

（1）用万用表检测元器件的性能和好坏后，清除元件的氧化层，搪锡并引线成型。

（2）剥去导线的线端绝缘，清除氧化层，均加以搪锡处理。

（3）晶闸管、单结晶体管在安装时注意极性，切勿安错。

（4）安装完毕，将 RP 置中间位置。

（5）灯头插座固定在电路板上。根据灯头插座的尺寸在电路板上钻固定孔和连接导线。

（6）插装元器件，经检查无误后，焊接固定。

（7）将各个元件用导线连接起来，组成完整的电路。

（8）完成所有器件的导线焊接后，首先要对照原理图仔细认真检查一遍，看看有无遗漏的导线、没焊好或焊错的导线；要检查焊点是否合格，并清洁焊接表面。

四、电路调试

1. 目视检测

电路安装完成后，首先对照电路原理图检查各元器件有无错焊、漏焊和虚焊等情况，并判断接线是否正确，元器件的引脚是否连接正确，布线是否符合要求。

2. 通电检测

按以下步骤调试并做好记录。

（1）检查各元器件有无错焊、漏焊和虚焊等情况，并判断接线是否正确。

（2）接通电源，观察有无异常现象，如是否有发热、冒烟等现象，发现异常立即断电，检查元件是否有错装、漏焊等现象。

（3）插上电源插头，人体各部分远离电路各个部分，打开开关，右旋电位器把柄，灯泡应逐渐变亮，右旋到灯泡最亮；反之，左旋电位器把柄，灯泡应该逐渐变暗，左旋到头灯光熄灭。

（4）按表 4-5 测试并记录（此表仅做参考，可根据情况更好地设计测试项目）。

表 4-5　调试记录

测试点	示波器波形	量　　程	测试结果	分　析
变压器二次侧	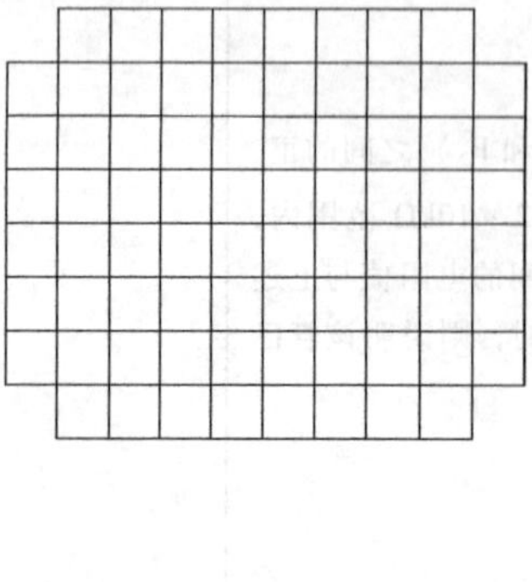			

（续）

测试点	示波器波形	量　程	测试结果	分　析
单结晶体管发射极	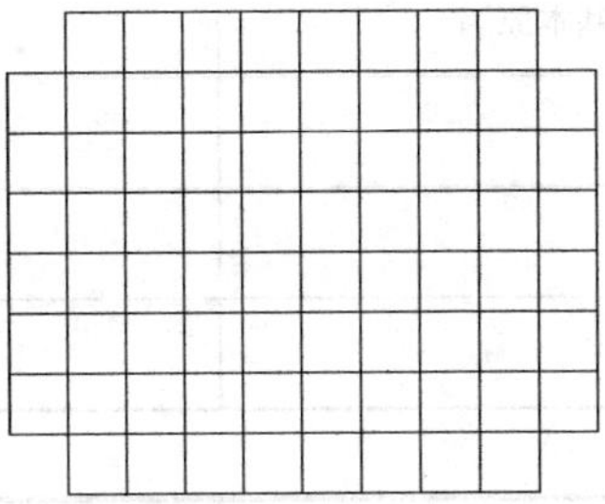			
晶闸管门极	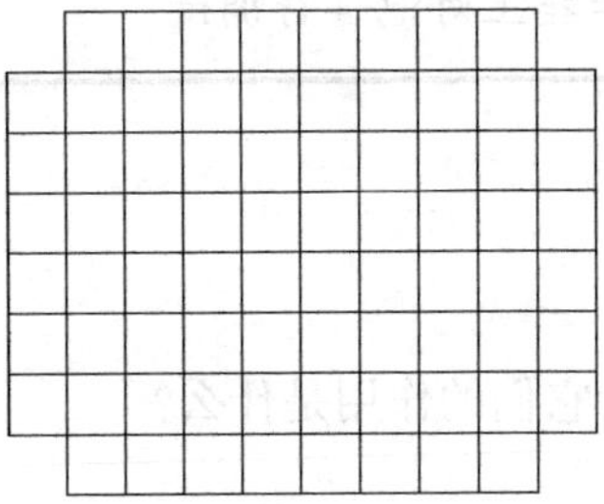			
	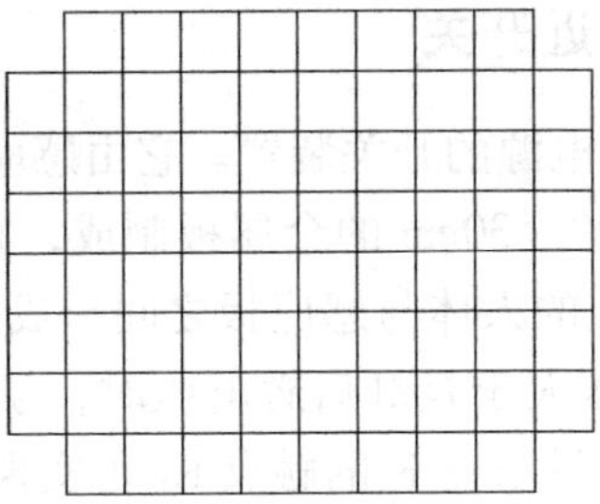			
	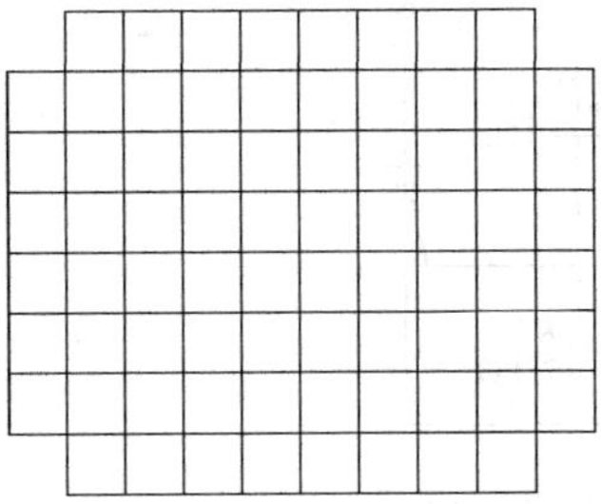			

调试过程中，若出现故障或人为在电路的关键点设置故障点，对照电路原理图，讨论并分析故障原因及解决办法，记录在表4-6中。

表4-6　故障检修

问　　题	基本原因	解决方法
灯泡不亮、不调光		
调节电位器到最小位置时，灯泡突然熄灭		
电位器顺时针旋转时，灯泡逐渐变暗		

注意：
　　由于电路直接和市电相连，调试时要注意安全，防止触电。调试前认真仔细核对安装是否可靠，最后接上灯泡进行调试。

五、实训报告要求

（1）画出家用调光灯电路原理图。

（2）完成测试记录。

（3）分析家用调光灯电路原理图的组成，它们的作用是什么？

知识链接

人体接近开关

　　人体接近开关是一种人体接近时自动接通电源的开关装置。它由感应板、氖灯、晶闸管及继电器等组成，如图4-14所示。感应板用 $20 \times 30cm$ 的金属板制成，它通过 C_1 接在市电的火线上。当人体接近感应板时，站在大地上的人体与感应板之间形成分布电容 C_0，C_0 和 C_1 呈串联状态对市电进行分压，如果这个分压大于氖灯启辉电压时，氖灯被击穿点亮，并触发单向晶闸管导通，使继电器 K 得电工作。继电器 K 的触点 K_1 可实现对各种电源及电路的控制。

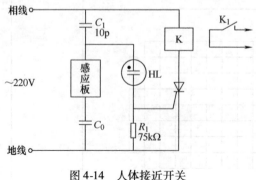

图4-14　人体接近开关

评价标准（见表4-7）

表4-7 任务评分表

姓名：_____ 学号：_____ 合计得分：_____

内 容		考核要求	配分	评分标准	学生自评	小组评分	教师评分	综合
任务资讯掌握情况		（1）明确文字、图形符号意义、各元件的作用 （2）能熟练掌握家用调光灯的工作原理并进行分析	10	（1）错误解释文字、图形符号意义，每个扣1分 （2）错误说明设备、元器件在电路中的作用，每个扣1分 （3）电路原理不清楚扣5分				
电路安装准备	识别元器件	正确识别晶闸管、单结晶体管等电子元器件	5	（1）元器件型号每识错一个扣1分 （2）元器件规格每识错一个扣1分				
	选用仪器、仪表	（1）能详细列出元件、工具、耗材及使用仪器、仪表清单 （2）能正确使用仪器、仪表	5	（1）错误选择仪器、仪表扣3分 （2）使用方法不正确扣1分 （3）测试结果错误扣4分				
	选用工具	正确选择本任务所需工具、仪器仪表等	5	（1）错误选择工、器具类别、规格均扣1分 （2）使用方法不正确扣2分				
电路安装	元器件	元件完好无损坏	5	一处不符合扣1分				
	焊接	无虚焊，焊点美观符合要求	10	一处不符合扣1分				
	接线	按图接线，接线牢固、规范，布线美观，横平竖直	10	一处不符合扣1分				
	安装	安装正确，完整	5	一处不符合扣1分				
电路调试	故障现象分析与判断	正确分析故障现象发生的原因，判断故障性质	5	（1）逻辑分析错误扣2分 （2）测试判断故障原因错误扣2分 （3）判断结果错误扣3分				
	故障处理	方法正确	5	（1）处理方法错误扣2分 （2）处理结果错误扣3分				
	波形测量	正确使用示波器测量波形，测量的结果要正确	5	一处不符合扣1分				
	电压测量	正确使用万用表测量波形，测量的结果要正确	5	一处不符合扣1分				
通电试运行		试运行一次成功	5	一次试运行不成功扣3分				

（续）

内　　容	考核要求	配分	评分标准	学生自评	小组评分	教师评分	综合
任务报告书完成情况	（1）语言表达准确，逻辑性强 （2）格式标准，内容充实、完整 （3）有详细的项目分析、制作调试过程及数据记录	10	根据完成质量评定				
安全与文明生产	（1）严格遵守实习生产操作规程 （2）安全生产无事故	5	（1）违反规程每一项扣2分 （2）操作现场不整洁扣2分 （3）不听指挥或误操作，发生严重设备和人身事故，取消考试资格				
职业素养	（1）学习、工作积极主动，遵时守纪 （2）团结协作精神好 （3）踏实勤奋，严谨求实	5					
合　　计		100					

巩固提高

一、填空题

1. 晶闸管是四层三端器件，三个引出电极分别为：_____极、_____极和_____极。

2. 晶闸管的导通条件是：在_____和_____之间加正向电压的同时，在_____之间也加正向电压。晶闸管导通后，_____就失去控制作用。

3. 在单向可控整流电路中，当晶闸管触发延迟角为30°时，导通角为_____，导通角越大，则输出电压_____。

4. 单结晶体管是一种具有一个_____极和两个_____极的半导体器件，发射极、第一基极、第二基极分别用字母_____、_____、_____表示。

5. 单结晶体管的伏安特性曲线有_____特性，利用这一特性，可构成晶闸管的_____电路。

6. 当发射极电压等于_____时，单结晶体管导通，导通后当发射极电压下降到_____时，单结晶体管变为截止。

二、判断题

（　　）1. 晶闸管导通后，若阳极电流小于维持电流，晶闸管必然自行关断。

（　　）2. 晶闸管只要加正向阳极电压就导通，加反向阳极电压就关断，所以具有单向导电性。

（　　）3. 晶闸管导通后，其导通状态是依靠加在门极上的正向电压来维持的。

（　　）4. 处于阻断状态的晶闸管，只要在门极上加触发脉冲，它就会变为导通。

（　　）5. 改变单结晶体管振荡器中充电回路时间常数，可以改变输出脉冲频率。

（　　　）6. 单结晶体管触发电路是利用单结晶体管的负阻特性和 RC 电路的充放电特性组成振荡器来产生触发脉冲的。

（　　　）7. 单结晶体管具有单向导电性。

（　　　）8. 晶闸管不仅具有反向阻断能力，还具有正向阻断能力。

（　　　）9. 晶闸管触发导通后，门极仍然具有控制作用。

（　　　）10. 在可控整流电路中，触发延迟角越小，则导通角越大。

（　　　）11. 晶闸管和晶体管都能由小电流控制大电流，因此，它们都具有电流放大作用。

（　　　）12. 当单结晶体管的发射极电压增加到峰点电压 U_p 时，单结晶体管就导通。

（　　　）13. 一旦单结晶体管导通后，它就呈负阻特性，即随着 I_E 增大，U_E 反而减小。

三、选择题

1. 晶闸管导通后，流过晶闸管的电流决定于（　　　）。

A. 电路的负载　　　　　　B. 晶闸管的电流容量　　　C. 晶闸管阳极和阴极之间的电压

2. 在晶闸管可控整流电路中，要使负载上平均电压升高，可以采取的办法是（　　　）。

A. 增大导通角　　　　　　B. 增大触发延迟角　　　　C. 增大触发电压

3. 当晶闸管阳极电流减小到（　　　）以下时，晶闸管就由导通变为截止。

A. 正向平均电流 I_T　　　B. 触发电流 I_G　　　　　C. 维持电流 I_H

4. 当单结晶体管的发射极电压 U_E 升高到（　　　）时，单结晶体管就会导通。

A. 两基极间电压 U_{BB}　　B. 谷点电压 U_V　　　　　C. 峰点电压 U_P

5. 单结晶体管触发电路输出脉冲的频率取决于（　　　）。

A. 振荡器中充电回路时间常数　　　　　　B. 单结晶体管的分压比

C. 直流电源电压

6. 单结晶体管振荡电路是利用单结晶体管发射特性的（　　　）。

A. 负阻区　　　　　　　　B. 截止区　　　　　　　　C. 饱和区

任务五　声光控灯的安装与调试

任务引入

　　声光控集声控、光控、延时自动控制技术为一体，内置声音感应元件、光效感应元件。白天光线较强时，受光控自锁，有声响也不通电开灯；当傍晚环境光线变暗后，开关自动进入待机状态，遇有说话声、脚步声等声响时，会立即通电，亮灯，延时半分钟后自动断电。声光控灯能延长灯泡寿命6倍以上，节电率达90%。

　　本任务就是安装与调试声光控灯。图5-1为本任务安装完成的电路板及组装的成品，图5-2为本任务中采用的原理图。

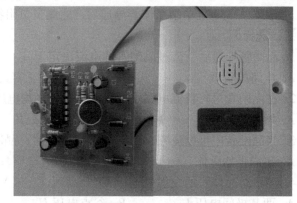

图5-1　本任务安装完成的电路板及组装的成品

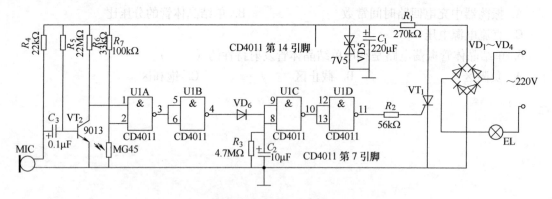

图5-2　声光控灯原理图

学习目标

（1）通过各种信息渠道收集制作简易电子产品有关的必备专业知识和信息。

（2）能在教师的指导下，根据声光控灯电路原理图，分析电路的工作原理。

（3）能列出声光控灯电路所需的电子元器件清单。

（4）能正确使用仪器、仪表，并能进行维护保养。

（5）能对所选的元器件进行识别与检测，为下一步焊接做准备。

（6）能正确安装电子元器件。

（7）能合理、准确地焊接电路，避免错焊、漏焊、虚焊。

（8）能正确调试电路。

（9）能进行自检、互检，判断所制作的声控灯是否符合要求。

（10）能按照国家相关环保规定和工厂要求，进行安全文明生产。

任务书

表5-1　声光控灯的安装与调试任务书

时间：　　　　组别：　　　　姓名：

任务名称	声光控灯的安装与调试	学时	30 学时
任务描述	本项目要求设计一个用于楼道照明的声光控制灯：白天灯不亮，夜间在声音的作用下使灯点亮，灯亮20s后自动熄灭。要求电路简单、成本低、安全可靠		
任务目标	（1）通过翻阅资料及教师指导，明确声光控灯的分类及其工作原理 （2）能识别与检测声光控灯中用到的电子元器件 （3）能正确安装与调试声光控灯 （4）能总结出完成任务过程中遇到的问题及解决的办法		
资讯内容	（1）日常生活中用到的声光控灯有几类？ （2）怎么画声光控灯的原理图？需要注意哪些问题？ （3）怎么识别元器件？需要用到哪些仪表？ （4）安装与调试电路需要注意哪些问题？		
参考资料	教材、网络及相关参考资料		
实施步骤	（1）分组讨论生活中用到的声光控灯类型及其应用 （2）分组讨论声光控灯原理图的画法及元器件清单的列表法并展示 （3）小组分工识别并检测声光控灯中所用到的电子元器件 （4）小组分工合作完成声光控灯的安装与调试 （5）小组推选代表展示成果，各小组互评 （6）教师总评、总结		
作业	撰写总结报告，包括完成任务过程中遇到的问题及解决办法		

相关知识

在时间上或数值上都是连续的物理量称为模拟量。表示模拟量的信号叫模拟信号。工作在模拟信号下的电子电路叫模拟电路。在时间上和数值上都是离散的物理量称为数字量。表示数字量的信号叫数字信号。工作在数字信号下的电子电路叫数字电路。

随着电子技术的发展，数字逻辑电路已广泛应用于计算机、自动控制、电子测量仪表、电视、雷达、通信等各个领域。随着集成技术的发展，尤其是中、大规模和超大规模集成电路的发展，数字电路的应用范围将会更广，与我们的生活也会联系更紧密。数字电路主要由组合逻辑电路和时序逻辑电路组成，门电路是构成数字电路的基本单元。

一、基本逻辑关系及其门电路

最基本的逻辑关系是与、或、非。实现基本和常用逻辑运算的电子电路，叫逻辑门电路。所谓门就是一种开关，它能按照一定的条件去控制信号的通过或不通过。门电路的输入和输出之间存在一定的逻辑关系（因果关系），所以门电路又称为逻辑门电路。实现"与"运算的叫与门，实现"或"运算的叫或门，实现"非"运算的叫非门，也叫作反相器。逻辑门可以组合使用以实现更为复杂的逻辑运算。逻辑门也是集成电路上的基本组件。

描述客观事物逻辑关系的数学方法，即进行逻辑分析与综合的数学工具，是英国数学家乔治·布尔（George Boole）于1847年提出的，所以称为布尔代数，又称为逻辑代数。

逻辑变量是布尔代数中的变量。逻辑变量的取值范围仅为"0"和"1"，且无大小、正负之分。

1. 与逻辑和与门

与逻辑指的是只有当决定某一事件的全部条件都具备之后，该事件才发生，否则就不发生的一种因果关系。

如图5-3所示电路，只有当开关A与B全部闭合时，灯泡Y才亮；若开关A或B其中有一个不闭合，灯泡Y就不亮。

这种因果关系就是与逻辑关系，可表示为$Y = A \cdot B$，读作"A与B"。在逻辑运算中，与逻辑称为逻辑乘。

与门是指能够实现与逻辑关系的门电路。与门具有两个或多个输入端，一个输出端，其逻辑符号如图5-4所示。为了简便，输入端只用A和B两个变量来表示。

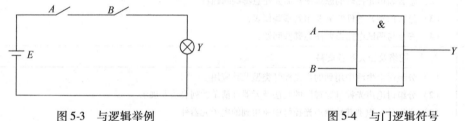

图5-3　与逻辑举例　　　　　　　　　　图5-4　与门逻辑符号

两输入端与门的真值表如表5-2所示。

表5-2　与门真值表

A	B	Y	A	B	Y
0	0	0	1	0	0
0	1	0	1	1	1

由此可见，与门的逻辑功能是输入全部为高电平时，输出才是高电平，否则为低电平。

2. 或逻辑和或门

或逻辑指的是在决定某事件的诸条件中，只要有一个或一个以上的条件具备，该事件就会发生；当所有条件都不具备时，该事件才不发生的一种因果关系。

如图5-5所示电路，只要开关A或B其中任一个闭合，灯泡Y就亮；A、B都不闭合，灯泡Y才不亮。这种因果关系就是或逻辑关系。可表示为：$Y = A + B$，读作"A或B"。在逻辑运算中或逻辑称为逻辑加。

或门是指能够实现或逻辑关系的门电路。或门具有两个或多个输入端，一个输出端，其逻辑符号如图5-6所示。

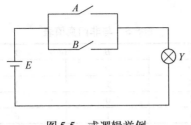

图 5-5　或逻辑举例

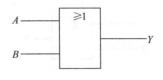

图 5-6　或门逻辑符号

两输入端或门电路的真值表如表 5-3 所示。

表 5-3　或逻辑及或门真值表

A	B	Y	A	B	Y
0	0	0	0	1	1
0	1	1	1	1	1

由此可见，或门的逻辑功能是输入有一个或一个以上为高电平时，输出就是高电平；输入全为低电平时，输出才是低电平。

3. 非逻辑及非门

非逻辑是指决定某事件的唯一条件不满足时，该事件就发生；而条件满足时，该事件反而不发生的一种因果关系。

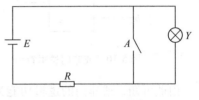

图 5-7　非逻辑举例

如图 5-7 所示电路，当开关 A 闭合时，灯泡 Y 不亮；当开关 A 断开时，灯泡 Y 才亮。这种因果关系就是非逻辑关系。可表示为 $Y=\overline{A}$，读作"A 非"或"非 A"。在逻辑运算中，非逻辑称为"求反"。

非门是指能够实现非逻辑关系的门电路。它有一个输入端，一个输出端，其逻辑符号如图 5-8 所示，其真值表如表 5-4 所示。

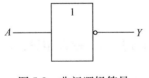

图 5-8　非门逻辑符号

表 5-4　非门真值表

A	Y
0	1
1	0

由此可见，非门的逻辑功能为输出状态与输入状态相反，因此通常又称其为反相器。

二、复合逻辑门

由与门、或门和非门可以组合成其他逻辑门。把与门、或门、非门组成的逻辑门叫复合门。常用的复合门有与非门、或非门、异或门、与或非门等。

1. 与非门

将一个与门和一个非门顺序连接，就构成了一个与非门。与非门有多个输入端，一个输出端。二端输入与非门的逻辑符号如图 5-9 所示，

与非门的逻辑表达式为：$Y=\overline{AB}$。

与非门真值表如表 5-5 所示。

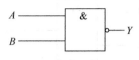

图 5-9　与非门逻辑符号

表 5-5　与非门真值表

A	B	Y
0	0	1
0	1	1
1	0	1
1	1	0

由此可知，与非门的逻辑功能为：当输入全为高电平时，输出为低电平；当输入有低电平时，输出为高电平。

2. 或非门

把一个或门和一个非门连接起来就可以构成一个或非门，或非门也可有多个输入端和一个输出端。二端输入或非门的逻辑符号如图 5-10 所示。

或非门的逻辑表达式为：$Y = \overline{A + B}$。

或非门真值表如表 5-6 所示。

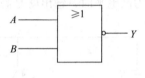

图 5-10　或非门逻辑符号

表 5-6　或非门真值表

A	B	Y
0	0	1
0	1	0
1	0	0
1	1	0

由此可知，或非门的逻辑功能为：当输入全为低电平时，输出为高电平；当输入有高电平时，输出为低电平。

3. 异或门

当两个输入变量的取值相同时，输出变量取值为 0；当两个输入变量的取值相异时，输出变量取值为 1。这种逻辑关系称为异或逻辑。能够实现异或逻辑关系的逻辑门叫异或门。异或门只有两个输入端和一个输出端，其逻辑符号如图 5-11 所示。

异或门的逻辑表达式为：$Y = A\overline{B} + \overline{A}B = A \oplus B$。

式中，符号 $\oplus$ 表示异或逻辑。

异或门的真值表如表 5-7 所示。异或门的逻辑功能可简述为：输入相异，输出为高电平；输入相同，输出为低电平。

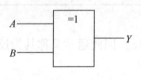

图 5-11　异或门逻辑符号

表 5-7　异或门真值表

A	B	Y
0	0	0
0	1	1
1	0	1
1	1	0

4. 与或非门

把两个与门、一个或门和一个非门连接起来，就构成了与或非门。它有多个输入端、一个输出端，逻辑符号如图 5-12 所示。

其逻辑表达式为：$Y = \overline{AB + CD}$。

与或非门真值表如表 5-8 所示。与或非门的逻辑功能是，当任一组与门输入端全为高电平或所有输入端全为高电平时，输出为低电平；当任一组与门输入端都有低平或所有输入端全为低电平时，输出为高电平。

三、集成逻辑门电路

分立元件门电路的缺点是体积大、工作速度低、可靠性差，因此在数字电子设备中广泛采用体积小、质量轻、功耗低、速度快、可靠性高的集成门电路。集成门电路因电路结构的不同，可由晶体管组成，也可由绝缘栅型场效应晶体管组成。前者的输入级和输出级均采用晶体管，故称为晶体管—晶体管逻辑电路，简称为 TTL 门电路；后者为金属—氧化物—半导体场效应晶体管逻辑电路，简称为 CMOS 门电路。

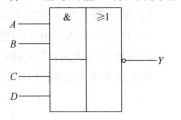

图 5-12　与或非门逻辑符号

表 5-8　与或非门

输	入			输 出	输	入			输 出
A	B	C	D	Y	A	B	C	D	Y
0	0	0	0	1	1	0	0	0	1
0	0	0	1	1	1	0	0	1	1
0	0	1	0	1	1	0	1	0	1
0	0	1	1	0	1	0	1	1	0
0	1	0	0	1	1	1	0	0	0
0	1	0	1	1	1	1	0	1	0
0	1	1	0	1	1	1	1	0	0
0	1	1	1	0	1	1	1	1	0

TTL 门电路的特点是运行速度快，电源电压固定（5V），有较强的带负载能力。在 TTL 门电路中，与非门的应用最为普遍，如图 5-13 所示。

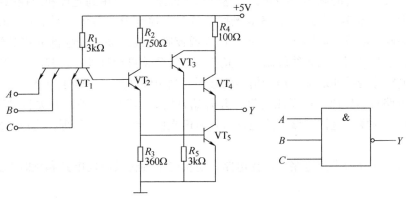

图 5-13　TTL 与非门电路及逻辑符号

TTL 与非门电路的工作原理

1）输入端不全为高电平的情况——输出为高电平；

2）输入端全为高电平的情况——输出为低电平。

其逻辑表达式为：$Y = \overline{ABC}$。

集电极开路与非门（OC 门）及逻辑符号如图 5-14 所示。

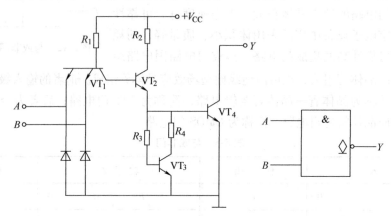

图 5-14　集电极开路与非门（OC 门）及逻辑符号

注意：在使用 TTL 集成与非门时，应注意电源电压在标准值 5V ± 10% 的范围内。为防止外界干扰的影响，集成门电路的多余输入端不能悬空，多余输入端应根据逻辑要求或接电源 V_{CC}（与门），或接地（或门），或与其他输入端连接。对于多余的输出端，应该悬空处理。

任务分析

实际生活中的声光控灯在光线很暗和有声音时候灯亮起来，延时一段时间后自动熄灭，在光线充足或没有声音时则不会亮起，要达到这个效果，需要用到光控和声控两部分电路。

电路原理图如图 5-2 所示。电路由光控部分，声控部分，放大电路，CD4011 与非门，延时部分和晶闸管组成，如图 5-15 所示。白天或夜晚光线较亮时光控部分将晶闸管自动关断，声控部分不起作用。当光线较暗时，光控部分将开关自动打开，负载电路的通断受控于声控部分，电路能否导通取决于声音信号的强弱，当声强达到一定强度（不小于 CD4011 的开门电压）电路自动接通，点亮照明灯，并开始延时，延时时间到，开关自动断开，等待下一次声音信号触发。这样，该电路通过对环境声光信号的监测和处理，完成电路的自动开关控制。

可以将本电路分为光控电路，声控电路，逻辑电平翻转及触发电路和延时电路几个基本电路。

1. 光控电路

如图 5-16 所示，光控电路由电阻 R_7 和光敏电阻 MG45 组成。光敏电阻的阻值随着光照

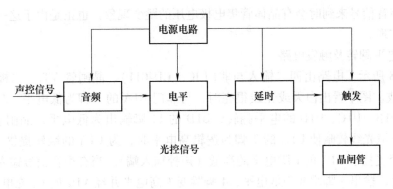

图 5-15　声光控灯原理框图

强度的变化而变化，当光照达到一定强度时，其电阻值变小到与 R_7 分压后使 CD4011 的 2 脚处于逻辑低电平，2 脚所在的与非门被封死，这时不管有无声音信号输入，U1D 的 11 脚都是低电平，晶闸管正向阻断。随着光照强度的减弱，MG45 的阻值逐渐增大，2 脚的电平逐渐上升，当 2 脚的电位上升到逻辑高电平后，即满足了开门条件，此时的声控开始起作用，3 脚是否翻转只取决于 U1A 的 1 脚电位（声控电路输入端）是否达到了逻辑高电平。

2. 声控电路

如图 5-17 所示，由话筒 MIC，晶体管 VT_2，电容 C_3 及电阻 R_4、R_5、R_6 等组成，其中 MIC 为声检测元件，当环境声音很弱时，晶体管 VT_2 处于饱和状态，U1A 的 1 脚为低电平，11 脚亦为低电平，晶闸管阻断，当环境声音信号达到一定强度时，通过 MIC 拾音输出经 C_3 耦合到 VT_2 的基极，使集电极即 U1A 的 1 脚电位随声强高低而变化，当 1 脚处于高电平时，由于 2 脚早已处于高电平而满足了与非门翻转条件，3 脚跳变为低电平。

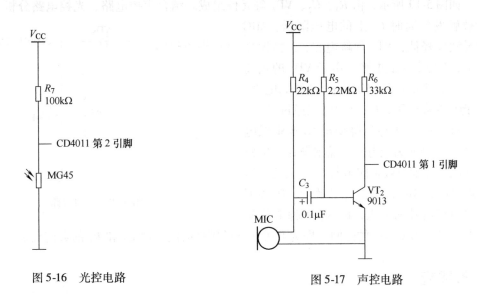

图 5-16　光控电路　　　　　　　图 5-17　声控电路

话筒接收声音信号并将信号转化为电流信号（交流信号），使晶体管 VT_2 由饱和状态转为截止状态，由于 R_6 的阻值较小，使得晶体管 VT_2 的集电极电压很高，基本上为 V_{CC} 电压值。所以在声音信号来到时会有晶体管集电极电压的跳变现象，也正是由于这一现象使得声控功能得以实现。

3. 逻辑电平翻转及触发电路

如图 5-18 所示，电路由四二输入与非门 IC（CD4011）、晶闸管 VT_1、二极管 VD_6，及 R_7、R_8 等组成。图中看出白天或光线很亮时，与非门 U1A 的 1 脚为低电平，3 脚输出为高电平，经过 U1B、U1C、U1D 的电平翻转，U1D 的 11 脚输出为低电平，晶闸管不被触发，灯不亮；当环境光线较暗使 U1A 的 2 脚为逻辑高电平时，为 U1A 的翻转提供了必要条件，U1A 翻转与否受控于 U1A 的 1 脚电平的高低（声控输入端）。当有声音信号输入使 U1A 的 1 脚为高电平时，输出 3 脚跳变为低电平，4 脚跳变为高电平并经 VD_6 向 C_2 充电，C_2 上的电压不断升高，当 C_2 上的电压上升到 IC 逻辑高电平时，10 脚变为低电平，11 脚输出高电平，经 R_2 加到晶闸管门极，晶闸管被触发导通。

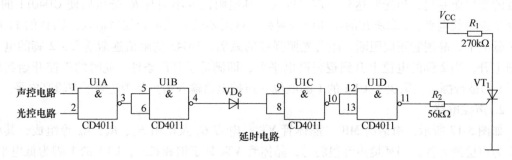

图 5-18　逻辑电平翻转及触发电路

4. 延时电路

如图 5-19 所示，由 R_3、C_2、VD_6 等元件组成。结合声控电路、光控电路分析，当晶闸管被触发导通时 C_3 上的电压降低，MIC 的灵敏度降低，VT_2 重新饱和，3 脚为高电平，4 脚变为低电平，由于 VD_6 的隔离作用，C_2 上的电压仍维持 8、9 脚高电平，11 脚也为高电平，C_2 上的电压通过 R_3 放电，直至 C_2 上的电压降低至 IC 逻辑低电平时，11 脚变为低电平，晶闸管在正负极间的电压过零时被正向阻断，C_3 上的电压重新升高，MIC 恢复拾音灵敏度，等待下一次声控信号的输入，IC 8、9 脚电位从

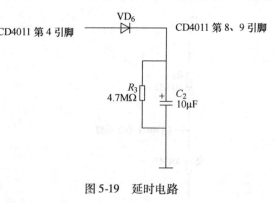

图 5-19　延时电路

高电平降低为低电平的时间，即为开关接通的维持时间，由 C_2 和 R_3 的数值确定。

任务实施

一、电路装配准备

结合声光控灯的电路原理图，在表 5-9 中列出完成本任务会用到的电子元器件清单。

表 5-9　声光控灯电子元器件清单

序号	元件名称	在电路中的编号	型号规格	数　量	备　注

二、元器件的检测与筛选

1. 外观质量检查

电子元器件应完整无损，各种型号、规格、标志应清晰、牢固。

2. 元器件的测试

（1）检测光敏电阻 MG45（见表 5-10）。

表 5-10　光敏电阻 MG45 的检测

	图　示	测量步骤与质量判别	注意事项
灵敏度判别		用一黑纸片将光敏电阻的透光窗口遮住，此时万用表的指针基本保持不动，阻值接近无穷大。此值越大说明光敏电阻性能越好。若此值很小或接近为零，说明光敏电阻已损坏	
		将一光源对准光敏电阻的透光窗口，此时万用表的指针应有较大幅度的摆动，阻值明显减小，此值越小说明光敏电阻性能越好。若此值很大甚至无穷大，表明光敏电阻内部开路损坏，不能再继续使用	

（续）

图　示	测量步骤与质量判别	注意事项
灵敏度判别	 将光敏电阻透光窗口对准入射光线，用小黑纸片在光敏电阻的遮光窗上部晃动，使其间断受光，此时万用表指针应随黑纸片的晃动而左右摆动。如果万用表指针始终停在某一位置不随纸片晃动而摆动，说明光敏电阻的光敏材料已经损坏	

（2）检测驻极体话筒。参见前面任务相关资料。

（3）检测 CD4011 四二输入与非门（如图 5-20 所示，详细资料请参考 CD4011 用户手册）。

三、电路组装

（1）用万用表检测元器件的性能和好坏后，清除元件的氧化层，搪锡并引线成型。

（2）剥去导线的线端绝缘，清除氧化层，均加以搪锡处理。

（3）二极管、晶体管和极性电容器等有极性元器件应正向连接。

（4）插装元器件，经检查无误后，焊接固定。

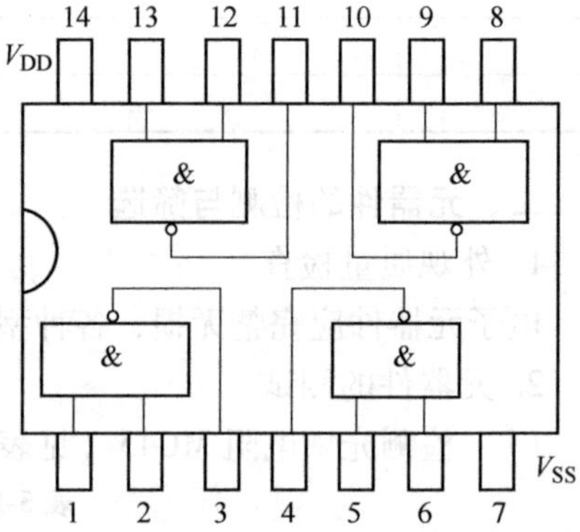

四、电路调试

1. 目视检测

电路安装完成后，首先对照电路原理图检查各元器件有无错焊、漏焊和虚焊等情况，并判断接线是否正确，元器件的引脚是否连接正确，布线是否符合要求。

图 5-20　CD4011 引脚图

2. 通电检测

接通电源，观察有无异常现象，如是否有发热、冒烟等现象，发现异常立即断电。按下与松开按键，观察电路是否能实现其应有功能，如果能在光线暗同时有声音的情况下，灯亮且大约 30s 左右后熄灭，说明电路工作正常。

3. 功能测试

在电路组装完成后，对其进行功能测试并做好记录，步骤如下。

（1）断开光敏电阻、电容 C_3，与非门 U1A 的 2 脚为高电平，1 脚为低电平，3 脚输出为高电平，经 U1B、U1C、U1D 逻辑电平转换，CD4011 的 11 脚输出为低电平，晶闸管 VT_1 不被触发，灯不亮。

（2）断开晶体管 VT_2 的集电极，同时断开光敏电阻，与非门 U1A 的 2 脚为高电平，3 脚输出为低电平，经 U1B、U1C、U1D 逻辑电平转换，CD4011 的 11 脚输出为高电平，晶闸管 VT_1 被触发，灯亮。

（3）综上两步调试，断开光敏电阻，接通电源，这时灯不亮。击掌触发声控电路，灯亮。经过一段时间延时，灯灭，说明声控部分电路工作正常。

（4）最后检查光控电路，电路全部复位，接通电源，灯不亮。用深色物品将光敏电阻遮住，击掌触发声控电路，灯亮。至此电路调试完毕。

（5）调试过程中，若出现故障或人为在电路的关键点设置故障点，对照电原理图，讨论并分析故障原因及解决办法，记在表 5-11 中。

表 5-11　故障检修

问　　题	基本原因	解决方法
在晚上，声控不起作用		
在白天，光照好的情况下，声控起作用，灯亮暗变化		
声光控起作用，灯有亮暗变化，但无延时时间		

五、实训报告要求

（1）画出声光控灯电路原理图。

（2）完成测试记录。

（3）分析声光控灯电路的组成，它们各部分作用是什么？

知识链接

74 系列和 4000 系列门电路的区别

74LS 是 TTL 电路的一个系列，TTL 电路以双极型晶体管为开关元件所以又称双极型（电子和空穴）集成电路。

74HC 是 CMOS 电路，CMOS 电路是 MOS 电路中的主导产品。MOS 电路以绝缘栅场效应晶体管为开关元件，所以又称单极型集成电路。按其导电沟道的类型，MOS 电路可分为 PMOS、NMOS 和 CMOS 电路。CMOS 电路沿着 4000A→4000B/4500B（统一称为 4000B）→74HC→74HCT 系列高速发展。HCT 系列还同 TTL 电平兼容，扩大了应用范围。CD 代表标准的 4000 系列 CMOS 电路，我国生产的 CMOS 电路系列为"CC4000B"。

性能比较：

1）TTL 工作电压范围为 ±5V。CMOS 为 3～18V。

2）频率特性：标准 TTL 电路在 5MHz 以下，一般 CMOS 在 100kHz 以下。

3）速度-功耗积：（在 100kHz 时）标准 TTL 电路为 100，pJ 标准 CMOS 电路为 11pJ。

4）最小输出的驱动电流（输出低电平 0.4V）标准输出：标准 TTL 系列为 16mA，标准 CMOS 4000 系列为 16mA，74 系列为 4mA。

5）大电流输出：标准 TTL 为 48mA；标准 CMOS 4000 为 16mA，74 系列为 6mA。

6）扇出系数：指能驱动同类型电路输入端的个数。标准 TTL 系列为 40（大电流输出为 120）；标准 CMOS4000 系列为 4mA，74 系列为 10mA。

7）最大输入电流（输出低电平 4V）：标准 TTL 系列为 −1.6mA，CMOS 4000 系列为 ±0.001mA，74 系列为 −0.001mA。

8）输入阻抗：CMOS 可达 10MΩ，TTL 为 5MΩ。

74LS 属于 TTL 类型的集成电路，而 74HC 属于 CMOS 集成电路。LS、HC 二者高、低电平定义不同，HC 高电平规定为 0.7 倍电源电压，低电平规定为 0.3 倍电源电压。LS 规定高电平为 2.0V，低电平为 0.8V。二者带负载特性不同，HC 上拉下拉能力相同，LS 上拉弱而下拉强。二者输入特性不同，HC 输入电阻很高，输入开路时电平不定。LS 输入内部有上拉，输入开路时为高电平。

1）74LS 系列是"低功耗肖特基 TTL"，统称 74LS 系列。其改进型为"先进低功耗肖特基 TTL"，既 74ALS 系列，它的性能比 74LS 更好。

2）74HC 系列具有 CMOS 的低功耗和相当于 74LS 高速度的性能，属于一种高速低功耗产品。

3）上述二者的工作频率都在 30MHz 以下，74ALS 略高，可达 50MHz。

4）二者工作电压大不相同：74LS 系列为 5V，74HC 系列为 2~6V。

5）扇出能力：74LS 系列为 20，而 74HC 系列在直流时则高达 1000 以上，但在交流时很低，由工作频率决定。

评价标准（见表 5-12）

表 5-12 任务评分表

姓名：＿＿＿＿＿ 学号：＿＿＿＿＿ 合计得分：＿＿＿＿＿

内 容		考核要求	配分	评分标准	学生自评	小组评分	教师评分	综合
任务资讯掌握情况		（1）明确文字、图形符号意义、各元件的作用 （2）能熟练掌握声光控灯的工作原理并进行分析	10	（1）错误解释文字、图形符号意义，每个扣 1 分 （2）错误说明设备、元器件在电路中的作用，每个扣 1 分 （3）电路原理不清楚扣 5 分				
电路安装准备	识别元器件	正确识别光敏电阻、驻极体话筒等特殊电子元器件	5	（1）元器件型号每识错一个扣 1 分 （2）元器件规格每识错一个扣 1 分				
	选用仪器、仪表	（1）能详细列出元件、工具、耗材及使用仪器仪表清单 （2）能正确使用仪器仪表	5	（1）错误选择仪器、仪表扣 3 分 （2）使用方法不正确扣 1 分 （3）测试结果错误扣 4 分				
	选用工具	正确选择本任务所需工具、仪器仪表等	5	（1）错误选择工具、器具类别、规格均扣 1 分 （2）使用方法不正确扣 2 分				
电路安装	元器件	元器件完好无损坏	5	一处不符合扣 1 分				
	焊接	无虚焊，焊点美观符合要求	10	一处不符合扣 1 分				
	接线	按图接线，接线牢固、规范，布线美观，横平竖直	10	一处不符合扣 1 分				
	安装	安装正确，完整	5	一处不符合扣 1 分				

（续）

内　容		考核要求	配分	评分标准	学生自评	小组评分	教师评分	综合
电路调试	故障现象分析与判断	正确分析故障现象发生的原因，判断故障性质	5	（1）逻辑分析错误扣2分 （2）测试判断故障原因错误扣2分 （3）判断结果错误扣3分				
	故障处理	方法正确	5	（1）处理方法错误扣2分 （2）处理结果错误扣3分				
	波形测量	正确使用示波器测量波形，测量的结果要正确	5	一处不符合扣1分				
	电压测量	正确使用万用表测量波形，测量的结果要正确	5	一处不符合扣1分				
通电试运行		试运行一次成功	5	一次试运行不成功扣3分				
任务报告书完成情况		（1）语言表达准确，逻辑性强 （2）格式标准，内容充实、完整 （3）有详细的项目分析、制作调试过程及数据记录	10	根据完成质量评定				
安全与文明生产		（1）严格遵守实习生产操作规程 （2）安全生产无事故	5	（1）违反规程每一项扣2分 （2）操作现场不整洁扣2分 （3）不听指挥或误操作，发生严重设备和人身事故，取消考试资格				
职业素养		（1）学习、工作积极主动，遵时守纪 （2）团结协作精神好 （3）踏实勤奋，严谨求实	5					
合　计			100					

巩固提高

一、填空题

1. 在数字电路中，通常用高电平和低电平来分别代表逻辑＿＿＿＿和逻辑＿＿＿＿，所谓正逻辑是指＿＿＿＿代表逻辑1。

2. 数字信号的特点是在＿＿＿＿上和＿＿＿＿上都是断续变化的，其低电平和高电平常用＿＿＿＿和＿＿＿＿表示。

3. 逻辑门的平均传输延迟时间越小，说明电路的＿＿＿＿。

4. 要办成某件事，如有若干个条件，只要其中一个条件具备时，此事即可办成，这种逻辑运算是＿＿＿＿，相应的门电路是＿＿＿＿电路。

5. 在数字电路中，常用的计数制除十进制外，还有＿＿＿＿、＿＿＿＿、＿＿＿＿。

6. $(23)_{10}$ = (＿＿＿＿＿＿)$_2$ = (＿＿＿＿＿＿＿＿＿)$_{8421BCD}$。

7. $(10011)_2$ = (＿＿＿＿＿＿＿)$_{8421BCD}$ = (＿＿＿＿＿＿＿＿)$_{10}$。

8. $(5E)_{16}$ = (＿＿＿＿＿)$_2$ = (＿＿＿＿＿)$_8$ = (＿＿＿＿＿)$_{10}$ = (＿＿＿＿＿)$_{8421BCD}$。

9. 数字逻辑电路中三种基本逻辑关系是＿＿＿＿、＿＿＿＿和＿＿＿＿，能实现这三种逻辑关系的电路是＿＿＿＿、＿＿＿＿和＿＿＿＿。

二、判断题

（　　）1. 在非门电路中，输入高电平时，其输出为低电平。

（　　）2. 与运算中，输入信号与输出信号的关系是"有1出1，全0出0"。

（　　）3. 或运算中，输入信号与输出信号的关系是"有1出0，全0出1"。

（　　）4. 组合逻辑电路没有记忆功能。

（　　）5. 当TTL与非门的输入端悬空时相当于输入为逻辑1。

（　　）6. 三态门的三种状态分别为：高电平、低电平、不高不低的电压。

（　　）7. 组合逻辑电路不含有记忆功能的器件。

（　　）8. 逻辑变量的取值，1比0大。

三、选择题

1. 能实现"有0出0，全1出1"逻辑功能是（　　）。

A. 与门　　　　　　　B. 或门　　　　　　　C. 非门

2. 符合下面真值表的门电路是（　　）。

A. 非门　　　　　　　B. 或门　　　　　　　C. 与门

真　值　表

输　　　入		输　　　出
0	0	0
0	1	1
1	0	1
1	1	1

3. 能实现"有0出1，全1出0"逻辑功能是（　　）。

A. 与门　　　　B. 或门　　　　C. 与非门　　　　D. 或非门

4. 符合下真值表的门电路是（　　）。

真　值　表

输　　　入		输　　　出
0	0	1
0	1	0
1	0	0
1	1	0

A. 与非门　　　　B. 或非门　　　　C. 或门　　　　D. 与门

5. 符号"或"逻辑关系的表达式是（　　）。

A. 1 + 1 = 2　　　　B. 1 + 1 = 10　　　　C. 1 + 1 = 1

6. CMOS与非门不用的输入端可以（　　）。

A. 空接　　　　　　　B. 与使用端并接　　　C. 接地

7. 四输入端的 TTL 与非门，实际使用时如只用两个输入端，则其余的两个输入端都应

（　　）。

A. 接高电平　　　　　B. 接低电平　　　　　C. 悬空

8. 八位二进制数能表示十进制数的最大值是（　　）。

A. 255　　　　　　　B. 248　　　　　　　C. 192

9. 欲表示十进制数的十个数码，需要二进制数码的位数是（　　）。

A. 2 位　　　　　　　B. 4 位　　　　　　　C. 3 位

10. 多个门的输出端可以无条件连接在一起的是（　　）。

A. 三态门　　　　　　B. OC 门　　　　　　C. 与非门

11. 能实现"全 0 出 1，有 1 出 0"的逻辑门电路是（　　）。

A. 或非门　　　　　　B. 与非门　　　　　　C. 与非

任务六 八路抢答器电路的安装与调试

任务引入

电视上经常播放各种竞赛的节目，在竞赛过程中选手们需要抢答各种问题，为了保证竞赛的公平，常使用各种竞赛抢答器。

本任务就是采用数字集成电路制作的一个简易八路抢答器，成品如图 6-1a 所示。参赛选手可通过按键 S0 ~ S7 进行抢答，抢答成功的组号会在数字显示器中显示出来。

图 6-2 所示的是本任务中采用的原理图。

a)   b)

图 6-1　八路抢答器安装完成的成品及用途

a）成品　b）用途

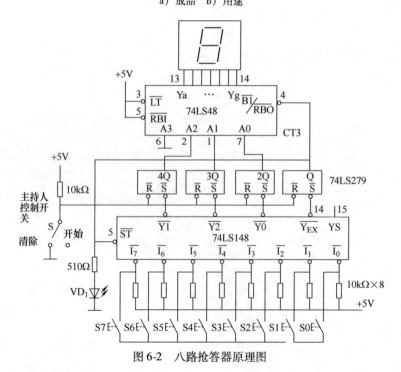

图 6-2　八路抢答器原理图

学习目标

(1) 能根据电路原理图，叙述八路抢答器电路的工作原理。

(2) 能正确使用仪器仪表，并能进行维护保养。

(3) 能列出电路所需的电子元器件清单。

(4) 能对所选的电子元器件进行识别与检测，为下一步焊接做准备。

(5) 能正确安装电子元器件。

(6) 能合理、准确地焊接电路，避免错焊、漏焊、虚焊。

(7) 能正确调试电路。

(8) 能进行自检、互检，判断所制作的产品是否符合要求。

(9) 能按照国家相关环保规定和工厂要求，进行安全文明生产。

(10) 能按照实训工厂的规定填写交接班记录。

任务书

表6-1 八路抢答器电路的安装与调试任务书

时间： 组别： 姓名：

任务名称	八路抢答器电路的安装与调试	学时	30 学时
任务描述	目前，数码显示屏已经广泛应用在日常的生产、生活中，如加油站的指示牌，公司的大屏幕等，给我们的生活带来了很多方便。现在某学校举行安全知识竞赛，需要一批抢答器，厂房暂时没货，学校要求我们在6天内完成10个八路抢答器的制作，要求通过按键能控制数码管显示的数值		
任务目标	(1) 通过翻阅资料及教师指导，明确八路抢答器的分类及其工作原理 (2) 能正确画出八路抢答器的装配图 (3) 能识别与检测八路抢答器中用到的电子元器件 (4) 能正确安装与调试八路抢答器 (5) 能总结出完成任务过程中遇到的问题及解决的办法		
资讯内容	(1) 日常生活中用到的显示屏有几类？它们都应用在哪些场合？ (2) 怎么画八路抢答器电路的装配图？需要注意哪些问题？ (3) 怎么识别元器件（数码管、编码器、译码器等）？需要用到哪些仪表？ (4) 安装与调试电路需要注意哪些问题？		
参考资料	教材、网络及相关参考资料		
实施步骤	(1) 分组讨论生活中用到的抢答器类型及其应用 (2) 分组讨论八路抢答器原理图的画法及元器件清单的列表法并展示 (3) 小组分工识别并检测八路抢答器中所用到的电子元器件 (4) 小组分工合作完成八路抢答器的安装与调试 (5) 小组推选代表展示成果，各小组互评 (6) 教师总评、总结		
作业	(1) 完成相关测量要求 (2) 撰写总结报告，包括完成任务过程中遇到的问题及解决办法		

相关知识

一、布尔代数的基本运算规则和定律

1. 布尔代数的基本运算规则（见表6-2）

表6-2　常用基本逻辑运算规则

逻辑加		逻辑乘		反转律
$A+0=A$	$A+A=A$	$A \cdot 0=0$	$A \cdot A=A$	
$A+1=1$	$A+\overline{A}=1$	$A \cdot 1=A$	$A \cdot \overline{A}=0$	$\overline{\overline{A}}=A$

2. 布尔代数的基本定律（见表6-3）

表6-3　布尔代数的基本定律

交换律	$A+B=B+A$	$A \cdot B=B \cdot A$
结合律	$(A+B)+C=A+(B+C)$	$(A \cdot B) \cdot C=A \cdot (B \cdot C)$
分配律	$A \cdot (B+C)=A \cdot B+A \cdot C$	$A+B \cdot C=(A+B) \cdot (A+C)$
反演律	$\overline{A+B}=\overline{A} \cdot \overline{B}$	$\overline{A \cdot B}=\overline{A}+\overline{B}$
吸收率	$AB+A\overline{B}=A$	$A+\overline{A}B=A+B$
冗余率	$AB+\overline{A}C+BC=AB+\overline{A}C$	

二、逻辑函数的化简

对于一个逻辑函数而言，如果表达式是最简式，那么实现这个逻辑表达式的电路所需要的元件就最少，从而功耗小、可靠性高。一般地，逻辑表达式的形式有五种，除了与或表达式外，还有或与表达式、与非—与非表达式、或非—或非表达式、与或非表达式等。所以一个逻辑函数可以有不同的表达式，但在这几种表达式中，与或表达式最常用，也容易转换成其他表达式，因此，下面着重讨论最简的表达式。

（1）并项法。利用公式 $AB+A\overline{B}=A$ 将两个乘积项合并为一项，合并后消去一个互补的变量。

（2）吸收法。利用公式 $A+AB=A$ 吸收多余的乘积项。

例如：$\overline{A}B+\overline{A}BC=\overline{A}B$。

（3）消去法。利用公式 $A+\overline{A}B=A+B$ 消去多余的因子。

例如：$\overline{A}+AC+\overline{B}CD=\overline{A}+C+\overline{B}CD=\overline{A}+C+\overline{B}D$。

（4）配项法。利用 $A=A(B+\overline{B})$ 可将某项拆成两项，然后再用上述方法进行化简。

例如，化简逻辑函数 $Y=A\overline{B}+\overline{B}C+B\overline{C}+\overline{A}B$ 的过程如下：

$$Y=A\overline{B}+\overline{B}C+B\overline{C}+\overline{A}B=A\overline{B}(C+\overline{C})+(A+\overline{A})\overline{B}C+B\overline{C}+\overline{A}B$$

$$=A\overline{B}C+A\overline{B}\,\overline{C}+A\overline{B}C+\overline{A}\overline{B}C+B\overline{C}+\overline{A}B$$

$$=(A+1)\overline{B}\,\overline{C}+A\overline{C}(\overline{B}+B)+\overline{A}B(\overline{C}+1)$$

$$=\overline{B}\,\overline{C}+A\overline{C}+\overline{A}B$$

如果采用 $(A+\overline{A})$ 去乘 $\overline{B}C$，用 $(C+\overline{C})$ 去乘 $\overline{A}B$，然后化简，则得：

$$Y=A\overline{B}+B\overline{C}+\overline{A}C$$

可见经代数法化简得到的最简与或表达式，有时不是唯一的。实际解题往往遇到比较复杂的逻辑函数，因此必须综合运用基本公式和常用公式，才能得到最简的结果。

另例，已知逻辑函数的真值表如表6-4所示，试着写出该函数的最简逻辑表达式。

表6-4　真值表

A	B	C	Y
0	0	0	0
0	0	1	0
0	1	0	0
0	1	1	1
1	0	0	0
1	0	1	1
1	1	0	1
1	1	1	1

解：1）由真值表写出逻辑函数表达式。

把真值表中函数值等于1的变量组合写出来，变量值是1的写成原变量，是0的写成反变量，这样对应于函数值为1的每一个变量组合就可以写成一个乘积项，再把这些乘积项相加，就得到对应的逻辑表达式：

$$Y = \overline{A}BC + A\overline{B}C + AB\overline{C} + ABC$$

2）化简逻辑函数。

$$Y = \overline{A}BC + A\overline{B}C + AB\overline{C} + ABC$$
$$= \overline{A}BC + A\overline{B}C + AB(\overline{C} + C)$$
$$= \overline{A}BC + A\overline{B}C + AB$$
$$= \overline{A}BC + A(\overline{B}C + B)$$
$$= \overline{A}BC + A(C + B)$$
$$= (\overline{A}B + A)C + AB$$
$$= (B + A)C + AB$$
$$= AB + BC + CA$$

三、组合逻辑电路的分析

组合逻辑电路的分析步骤：

（1）根据组合逻辑电路的逻辑图，逐级写出逻辑函数的表达式。

（2）对表达式进行化简或变换，以得到最简的函数表达式。

（3）根据最简的函数表达式，列出真值表。

（4）分析真值表确定电路的逻辑功能。

例如，试着分析如图6-3所示逻辑电路的功能。

解：1）由逻辑电路图写出逻辑表达式。

G1门　$Y_0 = \overline{AB}$

G2 门　$Y_1 = \overline{AY_0} = \overline{A \cdot \overline{AB}}$

G3 门　$Y_2 = \overline{BY_0} = \overline{B \cdot \overline{AB}}$

G4 门　$Y = \overline{Y_1 Y_2} = \overline{\overline{A \cdot \overline{AB}} \cdot \overline{B \cdot \overline{AB}}} = \overline{\overline{A \cdot \overline{AB}}} + \overline{\overline{B \cdot \overline{AB}}} = A \cdot \overline{AB} + B \cdot \overline{AB}$

$\qquad = A \cdot \overline{AB} + B \cdot \overline{AB} = A\,(\overline{A} + \overline{B})\, + B\,(\overline{A} + \overline{B})$

$\qquad = A\overline{A} + A\overline{B} + B\overline{A} + B\overline{B} = A\overline{B} + B\overline{A}$

2）由逻辑式列出真值表（见表6-5）。

表6-5　"异或"门真值表

A	B	Y
0	0	0
0	1	1
1	0	1
1	1	0

3）分析逻辑功能。当输入端 A 和 B 不是同为"1"或"0"时，输出为"1"；否则，输出为"0"。这种电路称为异或门电路，其图形符号如图6-3b所示。

四、常用集成组合逻辑电路

1. 编码器

（1）常用数制计数的规则。在人们使用最多的进位计数制中，表示数的符号在不同的位置上时所代表的数的值是不同的。

1）十进制数 D（decimal）：人们日常生活中最熟悉的进位计数制。有十个不同的数码 0、1、2……9。它的基数为10。计数规律为"逢十进一"。举例：$4751 = 4 \times 10^3 + 7 \times 10^2 + 5 \times 10^1 + 1 \times 10^0$

2）二进制数 B（binary）：只有二个数码0和1，基数为2，计数规律为"逢二进一"。举例：$1101 = 1 \times 2^3 + 1 \times 2^2 + 0 \times 2^1 + 1 \times 2^0$

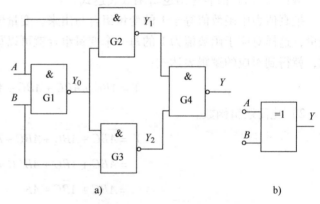

图6-3　组合逻辑电路图
a）逻辑图　b）异或门的图形符号

3）十六进制数 H（hexadecimal）：有十六个数码 0、1……9、A、B、C、D、E、F，基数为16，计数规律为"逢十六进一"。

（2）编码器。把二进制数码0和1按一定的规律编排成一组组代码，并使每组代码具有一定的含义（如代表某个十进制数），这就叫作编码。能完成编码的数字电路称为编码器。

将十进制数字0~9编成二进制代码的电路称为二—十进制编码器，也称为 BCD 码编码器。要对0~9十个数字编码，至少需要四位二进制代码。而四位二进制数码有十六种排列，从十六种组合中取出十种排列来表示0~9十个数字的取法有多种，下面就简单介绍一下较常用的8421BCD码。8421BCD码的编码表见表6-6。

表6-6　8421BCD 码的编码表

十进制数	输入变量	输 出			
		Y_3	Y_2	Y_1	Y_0
0	I_0	0	0	0	0
1	I_1	0	0	0	1
2	I_2	0	0	1	0
3	I_3	0	0	1	1
4	I_4	0	1	0	0
5	I_5	0	1	0	1
6	I_6	0	1	1	0
7	I_7	0	1	1	1
8	I_8	1	0	0	0
9	I_9	1	0	0	1

由编码表可以得到

$$Y_3 = I_8 + I_9$$
$$Y_2 = I_4 + I_5 + I_6 + I_7$$
$$Y_1 = I_2 + I_3 + I_6 + I_7$$
$$Y_0 = I_1 + I_3 + I_5 + I_7 + I_9$$

图 6-4 就是由上述逻辑表达式画出的 8421 编码器。

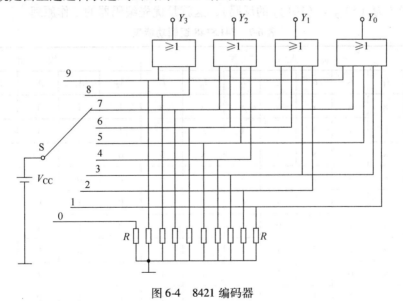

图 6-4　8421 编码器

2. 优先编码器

实际应用中往往同时有多个信号输入编码器，这时编码器不可能对这些信号同时进行编码，只能按信号的轻重缓急，即按输入信号的优先级别进行编码。具有这种功能的编码器就称为优先编码器。

本任务中采用的 74LS148 是 8 线—3 线优先编码器，其外形图如图 6-5a 所示，引脚排列如图 6-5b 所示，电源是 V_{CC}（16）、接地是 GND（8），$I_0 \sim I_7$ 为输入信号，A_2、A_1、A_0 为三位二进制编码输出信号，EI 是使能输入端，EO 是使能输出端，GS 为片优先编码输出端。

图 6-5　74LS148 外形图及引脚排列

a）外形图　b）引脚排列

逻辑功能见表 6-7，从功能表中可以得出，74LS148 输入端优先级别的次序依次为 I_7，$I_6 \cdots I_0$。当某一输入端有低电平输入，且比它优先级别高的输入端没有低电平输入时，输出端才输出相应该输入端的代码。例如：$I_5 = 0$ 且 $I_6 = I_7 = 1$（I_6、I_7 优先级别高于 I_5）则此时输出代码 010（为 $(5)_{10} = (101)_2$ 的反码），这就是优先编码器的工作原理。

表 6-7　74LS148 逻辑功能表

输　入									输　出				
EI	I_0	I_1	I_2	I_3	I_4	I_5	I_6	I_7	A_2	A_1	A_0	GS	EO
1	×	×	×	×	×	×	×	×	1	1	1	1	1
0	1	1	1	1	1	1	1	1	1	1	1	1	0
0	×	×	×	×	×	×	×	0	0	0	0	0	1
0	×	×	×	×	×	×	0	1	0	0	1	1	0
0	×	×	×	×	×	0	1	1	0	1	0	1	0
0	×	×	×	×	0	1	1	1	0	1	1	1	0
0	×	×	×	0	1	1	1	1	1	0	0	1	0
0	×	×	0	1	1	1	1	1	1	0	1	1	0
0	×	0	1	1	1	1	1	1	1	1	0	1	0
0	0	1	1	1	1	1	1	1	1	1	1	1	0

五、译码器和显示器

译码器的功能与编码器相反，它将具有特定含义的二进制代码按其原意"翻译"出来，并转换成相应的输出信号。这个输出信号可以是脉冲，也可以是电位。译码器也叫解码器。

1. 二—十进制译码器

将二—十进制代码译成十进制数码 0～9 的电路叫作二—十进制译码器。下面简单介绍常见的 74LS138 3 线—8 线译码器。图 6-6a 是 74LS138 译码器的外形图, 其引脚排列如图 6-6b 所示, 对应的功能表见表 6-8。

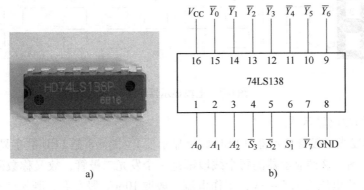

图 6-6　74LS138 外形图及引脚排列

a) 外形图　b) 引脚排列

表 6-8　74LS138 3 线—8 线译码器的功能表

输　　入					输　　出							
S_1	$\bar{S}_2 + \bar{S}_2$	A_2	A_1	A_0	$\bar{Y}_0$	$\bar{Y}_1$	$\bar{Y}_2$	$\bar{Y}_3$	$\bar{Y}_4$	$\bar{Y}_5$	$\bar{Y}_6$	$\bar{Y}_7$
0	×	×	×	×	1	1	1	1	1	1	1	1
×	1	×	×	×	1	1	1	1	1	1	1	1
1	0	0	0	0	0	1	1	1	1	1	1	1
1	0	0	0	1	1	0	1	1	1	1	1	1
1	0	0	1	0	1	1	0	1	1	1	1	1
1	0	0	1	1	1	1	1	0	1	1	1	1
1	0	1	0	0	1	1	1	1	0	1	1	1
1	0	1	0	1	1	1	1	1	1	0	1	1
1	0	1	1	0	1	1	1	1	1	1	0	1
1	0	1	1	1	1	1	1	1	1	1	1	0

无论从逻辑图还是功能表都可以看到 74LS138 的 8 个输出引脚, 任何时刻要么全为高电平 1——芯片处于不工作状态, 要么只有一个为低电平 0, 其余 7 个输出引脚全为高电平 1。如果出现两个输出引脚同时为 0 的情况, 说明该芯片已经损坏。

2. 显示译码器

在数字测量仪表和各种数字系统中, 都需要将数字量直观地显示出来, 一方面供人们直接读取测量和运算的结果; 另一方面用于监视数字系统的工作情况。因此, 数字显示电路是许多数字设备不可缺少的部分。数字显示电路通常由译码器、驱动器和显示器等部分组成。

数字显示器件的种类较多, 主要有半导体发光二极管显示器、液晶显示器等。为了能以十进制数码直观地显示数字系统的运行数据, 目前广泛使用了七段字符显示器, 或称为七段数码管。这种显示器由 7 条线段围成 "8" 形, 每一段包含一个发光二极管。外加正向电压时二极管导通, 发出清晰的光, 有红、黄、绿等色。只要按规律控制各发光段的亮、灭, 就可以显示各种字形或符号。七段显示器字形图如图 6-7 所示。

显示译码器由译码输出和显示器配合使用, 最常用的是 BCD 七段译码器, 其输出是驱动七段字形的七个信号，常见产品型号有 74LS48、74LS47 等。

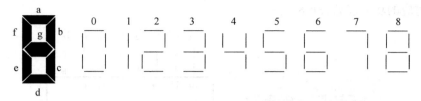

图 6-7　七段显示器字形图

（1）常用的数码显示器。

1）半导体发光二极管显示器（LED 数字显示器）。图 6-8 是 LED 数字显示器的外形图，图 6-9 是其引脚图。这种显示器的每个线段都是一个发光二极管，故又称数码管，每个段的发光二极管的工作电压为 1.5 ~ 3V，工作电流一般取 10mA/段左右，既保证亮度适中，又不损坏器件。

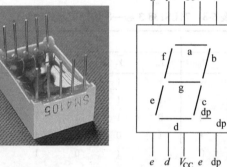
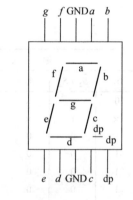

图 6-8　LED 数字显示器外形图　　　　图 6-9　LED 数字显示器引脚图

LED 数码管各引脚说明：a、b、c、d、e、f、g——字形七段输入端，dp——小数点输入端，V_{CC}——电源，GND——地。LED 数码管内部发光二极管的接法有两种：共阳极或共阴极接法，如图 6-10 所示。

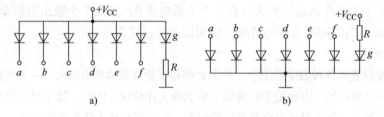

图 6-10　LED 数码管内部发光二极管的两种接法
a）共阳极　b）共阴极

共阳极接法：将 LED 显示器中七个发光二极管的阳极共同连接，并接到电源。若要某段发光，该段相应的发光二极管阴极须经限流电阻 R 接低电平。

共阴极接法：将 LED 显示器中七个发光二极管的阴极共同连接，并接地。若要某段发光，该段相应的发光二极管阳极应经限流电阻 R 接高电平。

2）液晶显示器（LCD）。液晶是一种介于固体和液体之间的有机化合物。它和液体一样可以流动，但在不同方向上的光学特性不同，具有类似于晶体的性质，故称这类物质为液晶。

液晶显示器是一种新型平板薄型显示器件。液晶显示器本身不发光，它是用电来控制光在显示部位的反射和不反射（光被吸收）而实现显示的。它具有体积小、重量轻、省电、辐射低、易于携带等优点。

（2）BCD—七段显示译码器。BCD—七段显示译码器能把"8421"二—十进制代码译成对应于数码管的七个字段信号，驱动数码管，显示出相应的十进制数码。

图6-11为本任务中采用的七段显示译码器74LS48的外形图和引脚排列，七段显示译码器74LS48是输出高电平有效的译码器，表6-9为其功能表。

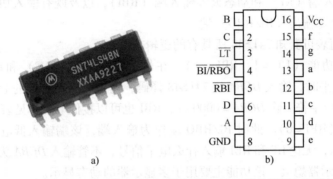

图6-11　本任务中采用的七段显示译码器74LS48的外形图和引脚排列
a）外形图　b）引脚排列

表6-9　七段显示译码器74LS48的功能表

十进制或功能	输　入						BI/RBO	输　出							字形
	LT	RBI	D	C	B	A		a	b	c	d	e	f	g	
0	H	H	L	L	L	L	H	H	H	H	H	H	H	L	
1	H	*	L	L	L	H	H	L	H	H	L	L	L	L	
2	H	*	L	L	H	L	H	H	H	L	H	H	L	H	
3	H	*	L	L	H	H	H	H	H	H	H	L	L	H	
4	H	*	L	H	L	L	H	L	H	H	L	L	H	H	
5	H	*	L	H	L	H	H	H	L	H	H	L	H	H	
6	H	*	L	H	H	L	H	L	L	H	H	H	H	H	
7	H	*	L	H	H	H	H	H	H	H	L	L	L	L	
8	H	*	H	L	L	L	H	H	H	H	H	H	H	H	
9	H	*	H	L	L	H	H	H	H	H	L	L	H	H	
10	H	*	H	L	H	L	H	L	L	L	H	H	L	H	
11	H	*	H	L	H	H	H	L	L	H	H	L	L	H	
12	H	*	H	H	L	L	H	L	H	L	L	L	H	H	
13	H	*	H	H	L	H	H	H	L	L	H	L	H	H	

（续）

十进制或功能	输 入						BI/RBO	输 出							字形
	LT	RBI	D	C	B	A		a	b	c	d	e	f	g	
14	H	*	H	H	H	L	H	L	L	L	H	H	H	H	--
15	H	*	H	H	H	H	H	L	L	L	L	L	L	L	ᵢ_
消隐	*	*	*	*	*	*	L	L	L	L	L	L	L	L	
纹波消隐	H	L	L	L	L	L	L	L	L	L	L	L	L	L	
试灯输入	L	*	*	*	*	*	H	H	H	H	H	H	H	H	8

74LS48 除了有实现七段显示译码器基本功能的输入（DCBA）和输出（a~g）端外，还引入了灯测试输入端（LT）和动态灭零输入端（RBI），以及既有输入功能又有输出功能的消隐输入/动态灭零输出（BI/RBO）端。

由 74LS48 真值表可获知 74LS48 所具有的逻辑功能。

1）七段译码功能（LT = 1，RBI = 1）。在灯测试输入端（LT）和动态灭零输入端（RBI）都接无效电平时，输入 DCBA 经 74LS48 译码，输出高电平有效的七段字符显示器的驱动信号，显示相应字符。除 DCBA = 0000 外，RBI 也可以接低电平，见表 6-9 中 1~16 行。

2）消隐功能（RBI = 0）。此时 BI/RBO 端作为输入端，该端输入低电平信号时，如表 6-9 倒数第 3 行所示，无论 LT 和 RBI 输入什么电平信号，不管输入 DCBA 为什么状态，输出全为"0"，七段显示器熄灭。该功能主要用于多显示器的动态显示。

3）灯测试功能（LT = 0）。此时 BI/RBO 端作为输出端，端输入低电平信号时，如表 6-9 最后一行所示，与 RBI 及 DCBA 输入无关，输出全为"1"，显示器七个字段都点亮。该功能用于七段显示器测试，判别是否有损坏的字段。

4）动态灭零功能（LT = 1，RBI = 1）。此时 BI/RBO 端也作为输出端，LT 端输入高电平信号，RBI 端输入低电平信号，若此时 DCBA = 0000，如表 6-9 倒数第 2 行所示，输出全为"0"，显示器熄灭，不显示这个零。DCBA ≠ 0，则对显示无影响。该功能主要用于多个七段显示器同时显示时熄灭高位的零。

任务分析

一、工作原理

如图 6-2 所示，本任务主要使用优先编码器 74LS148 和锁存器 74LS279 来完成。该电路主要完成两个功能：一是分辨出选手按键的先后，并锁存优先抢答者的编号，同时译码显示电路显示编号（显示电路采用七段数字数码显示管）；二是禁止其他选手按键，其按键操作无效。工作过程：开关 S 置于"清除"端时，RS 触发器的 R、S 端均为 0，4 个触发器输出置 0，使 74LS148 的优先编码工作标志端置 0，使之处于工作状态。当开关 S 置于"开始"时，抢答器处于等待工作状态，当有选手将抢答按键按下时（如按下 S₅），74LS148 的输出经 RS 锁存后，RBO = 1，七段显示电路 74LS48 处于工作状态，4Q3Q2Q = 101，经译码显示为"5"。此外，74LS279 的 Q 为 1，使 74LS148 优先编码工作标志端置 1，处于禁止状态，封锁其他按键的输入。当按键松开时，此时由于 Q 仍为 1，使优先编码工作标志端置 1，所以 74LS148 仍处于禁止状态，确保不会出二次按键时输入信号，保证了抢答者的优先性。只要有一组选手先按下抢答器，就会将编码器锁死，不再对其他组进行编码。通过 74LS48 译码器使抢答组别数字显示 0 ~ 7。如有再次抢答需由主持人将 S 开关重新置"清除"然后再进行下一轮抢答。

这个竞赛抢答器只实现了抢答组号的显示，其功能还不够完善，比如还可以加上倒计时提示、音乐提示和计分显示功能，请自行研究设计。

二、元器件分析

1. 8 线—3 线优先编码器 74LS148

8 线—3 线优先编码器 74LS148 电路完成抢答电路的信号接收和封锁功能。当抢答器按键电路中的任一个按键 S_n 按下使 74LS148 的输入端出现低电平时，74LS148 对该信号进行编码，并将编码信号送给 RS 触发器 74LS279。

2. RS 触发器 74LS279

RS 触发器 74LS279 的作用是接收编码器输出的信号，并将此信号封存，再送给显示译码电路进行数字显示译码。

3. 显示译码器 74LS48

显示译码器 74LS48 将接收到的编码信号进行译码，译码后的七段数字信号驱动数码管显示抢答成功的组号。

4. 抢答器按键电路

抢答器按键采用简单的常开开关组成，开关的一端接地，另一端经 $10k\Omega$ 的上拉电阻接高电平。当某个开关被按下时，低电平被送到 74LS148 的相应输入端，74LS148 对该信号进行编码。

任务实施

一、电路装配准备

结合八路抢答器的电路原理图，在表 6-10 中列出完成本任务会用到的电子元器件清单。

表 6-10 八路抢答器电子元器件清单

序　　号	元件名称	在电路中的编号	型号规格	数量	备　　注

（续）

序　号	元件名称	在电路中的编号	型号规格	数量	备　注

二、元器件的检测与筛选

1. 外观质量检查

电子元器件应完整无损，各种型号、规格、标志应清晰、牢固。

2. 元器件的测试

（1）检测七段数码管（见表6-11）。

表6-11　七段数码管的测量和质量判别

图　示	测量步骤与质量判别	注意事项
外观判别  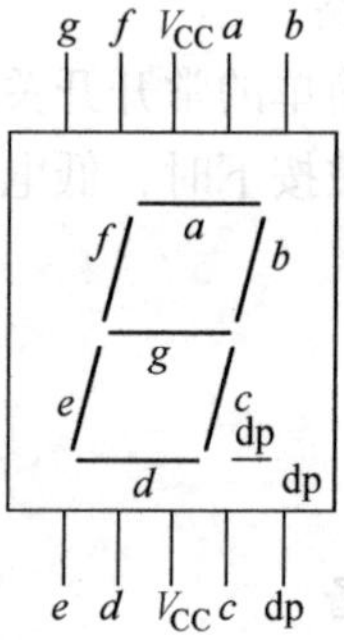		
共阴或共阳判别	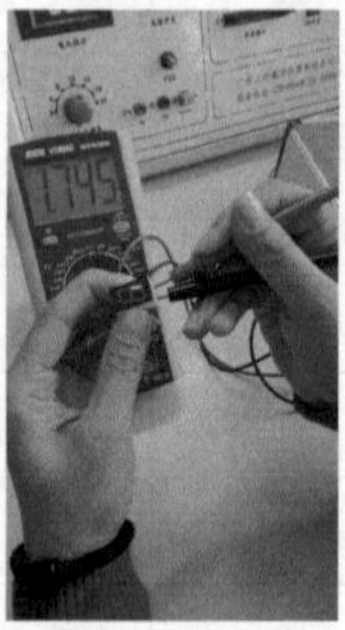 用二极管档，把万用表红笔搭在数码管上任一脚。黑笔在其他脚上扫过，如果不亮，有可能此管为共阴。如有一段点亮，黑笔不动，移动红笔，再测其他脚。如果其他脚分别都能点亮，则可以说明黑笔接的是公共脚，此管共阳。（指针表的黑表笔是正电源）	

（续）

图　示	测量步骤与质量判别	注意事项
每段测试	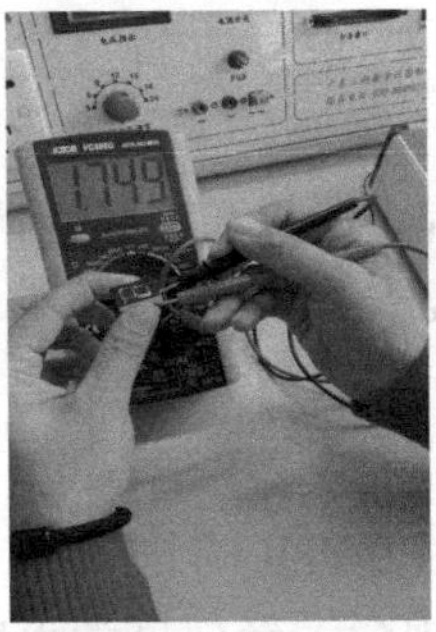 　　数码管的测试同测试普通半导体二极管一样，对于共阴极的数码管，红表笔接数码管的"－"，黑表笔分别接其他各脚，看各段是否点亮	指针式万用表应放在 R×10k 档

（2）按键检测（见表6-12）。

表6-12　按键的测量和质量判别

图　示	测量步骤与质量判别	注意事项
外观判别		 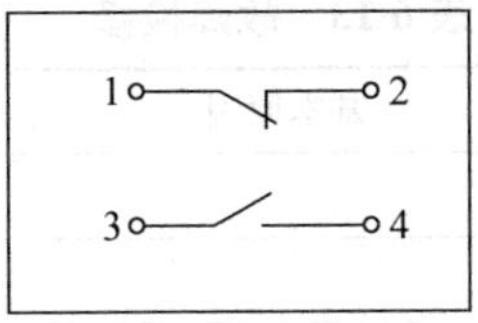 按动时应手感好，无卡阻感
引脚检测	 　　万用表以 R×10k 档测量阻值很大，以 R×1 档按下导通时测得的阻值应很小	两个引脚为一组，四角是为了焊接得更稳固

（3）其他元器件请参照前面相关资料。

三、电路组装

（1）用万用表检测元器件的性能和好坏后，清除元件的氧化层，搪锡并引线成型。

（2）剥去导线的线端绝缘，清除氧化层，均加以搪锡处理。

（3）注意集成电路的引脚排列。

（4）插装元器件，经检查无误后，焊接固定。

（5）将各个元件用导线连接起来，组成完整的电路。

（6）焊接完成后，要检查焊点是否合格，并清洁焊接表面。

四、电路调试

1. 目视检测

电路安装完成后，首先对照电路原理图检查各元器件有无错焊、漏焊和虚焊等情况，并判断接线是否正确，元器件的引脚是否连接正确，布线是否符合要求。

2. 通电检测

按以下步骤调试并做好记录。

（1）检查各元器件有无错焊、漏焊和虚焊等情况，并判断接线是否正确。

（2）接通电源，观察有无异常现象，如是否有发热、冒烟等现象，发现异常立即断电，检查元件是否有错装、漏焊等现象。

（3）将电路接通 +5V 电源，S 打到断开位置，数码管应显示 0。此时若合上某一抢答开关，数码管应能显示相应的组号，S 闭合时应能将数码管清零。抢答时，数码管应能显示优先抢答者的组号，并具有自锁和互锁功能。

调试过程中，若出现故障或人为在电路的关键点设置故障点，对照电原理图，讨论并分析故障原因及解决办法，记录在表 6-13 中。

表 6-13　故障检修

问题	基本原因	解决方法
显示电路不稳定		
控制开关无法控制电路		
数码管显示暗		
数字显示不能锁定		

五、实训报告要求

（1）画出八路抢答器的电路原理图。

（2）完成测试记录。

（3）分析八路抢答器电路原理图的组成，它们的作用是什么？

知识链接

LED 与 LED 显示屏的相关知识

LED（Light-Emitting-Diode 中文意思为"发光二极管"）是一种能够将电能转化为光能的半导体，它改变了白炽灯钨丝发光与节能灯三基色粉发光的原理，而采用电场发光。据分析，LED 的特点非常明显，寿命长、发光效率高、辐射低与功耗低。白光 LED 的光谱几乎全部集中于可见光频段，其发光效率可超过 150lm/W（2010 年）。将 LED 与普通白炽灯、螺旋节能灯及 T5 三基色荧光灯进行对比，结果显示：普通白炽灯的发光效率为 12lm/W，寿命小于 2000h，螺旋节能灯的发光效率为 60lm/W，寿命小于 8000h，T5 荧光灯则为 96lm/

W，寿命大约为 10000h，而直径为 5mm 的白光 LED 发光效率理论上可以超过 150lm/W，寿命可大于 100000h。有人还预测，未来的 LED 寿命上限将无穷大。

LED 的发光颜色和发光效率与制作 LED 的材料和工艺有关，目前广泛使用的有红、绿、蓝三种。由于显示屏 LED 工作电压低（仅 1.5~3V），能主动发光且有一定亮度，亮度又能用电压（或电流）调节，本身又耐冲击、抗振动、寿命长（10 万 h），所以在大型的显示设备中，目前尚无其他的显示方式与 LED 显示方式匹敌。

把红色和绿色的 LED 放在一起作为一个像素制作的显示屏叫双色屏或彩色屏；把红、绿、蓝三种 LED 管放在一起作为一个像素的显示屏叫三色屏或全彩屏。制作室内 LED 屏的像素尺寸一般是 2~10mm，常常采用把几种能产生不同基色的 LED 管芯封装成一体，室外 LED 屏的像素尺寸多为 12~26mm，每个像素由若干个各种单色 LED 组成，常见的成品称像素筒，双色像素筒一般由 3 红 2 绿组成，三色像素筒用 2 红 1 绿 1 蓝组成。无论用 LED 制作单色、双色或三色屏，欲显示图像需要构成像素的每个 LED 的发光亮度都必须能调节，其调节的精细程度就是显示屏的灰度等级。灰度等级越高，显示的图像就越细腻，色彩也越丰富，相应的显示控制系统也越复杂。一般 256 级灰度的图像，颜色过渡已十分柔和，而 16 级灰度的彩色图像，颜色过渡界线十分明显。所以，彩色 LED 屏当前都要求做成 256 级灰度的。应用于显示屏的 LED 发光材料有以下几种形式。

（1）LED 发光灯（或称单灯），一般由单个 LED 晶片、反光碗、金属阳极、金属阴极构成，外包具有透光聚光能力的环氧树脂外壳。可用一个或多个（不同颜色的）单灯构成一个基本像素，由于亮度高，多用于户外显示屏。

（2）LED 点阵模块，由若干晶片构成发光矩阵，用环氧树脂封装于塑料壳内，适合行列扫描驱动，容易构成高密度的显示屏，多用于户内显示屏。

（3）贴片式 LED 发光灯（或称 SMD LED），就是 LED 发光灯的贴焊形式的封装，可用于户内全彩色显示屏，可实现单点维护，有效克服马赛克现象。

LED 显示屏（LED Display, LED Screen）又叫电子显示屏或者飘字屏幕，是由 LED 点阵和 LED PC 面板组成，通过红色，蓝色，绿色 LED 灯的亮灭来显示文字、图片、动画、视频，内容可以随时更换，各部分组件都是模块化结构的显示器件。传统 LED 显示屏通常由显示模块、控制系统及电源系统组成。显示模块由 LED 灯组成的点阵构成，负责发光显示；控制系统通过控制相应区域的亮灭，可以让屏幕显示文字、图片、视频等内容。单色、双色屏主要用来播放文字，全彩屏主要是播放动画。电源系统负责将输入电压电流转为显示屏需要的电压电流。

LED 显示屏性能超群，其性能有以下特点。

（1）发光亮度强。在可视距离内阳光直射屏幕表面时，显示内容清晰可见。LED 显示屏超级灰度控制具有 1024~4096 级灰度控制，显示颜色 16.7M 以上，色彩清晰逼真，立体感强。

（2）静态扫描技术。采用静态锁存扫描方式，大功率驱动，充分保证发光亮度。

（3）具有自动亮度调节功能，可在不同亮度环境下获得最佳播放效果。

（4）全天候工作，完全适应户外各种恶劣性环境，防腐、防水、防潮、防雷，抗震整体性能强、性价比高、显示性能好，像素筒可采用 P10mm、P16mm 等多种规格。

评价标准（见表6-14）

表6-14　任务评分表

姓名：＿＿＿＿＿＿＿＿学号：＿＿＿＿＿＿＿＿合计得分：＿＿＿＿＿＿＿＿

内　　容		考核要求	配分	评分标准	学生自评	小组评分	教师评分	综合
任务资讯掌握情况		（1）明确文字、图形符号意义、各元件的作用 （2）能熟练掌握八路抢答器的工作原理并进行分析	10	（1）错误解释文字、图形符号意义，每个扣1分 （2）错误说明设备、元器件在电路中的作用，每个扣1分 （3）电路原理不清楚扣5分				
电路安装准备	识别元器件	正确识别数码管、按键及74LS48、74LS148、74LS279等电子元器件	5	（1）元器件型号每识错一个扣1分 （2）元器件规格每识错一个扣1分				
	选用仪器、仪表	（1）能详细列出元件、工具、耗材及使用仪器仪表清单 （2）能正确使用仪器仪表	5	（1）错误选择仪器、仪表扣3分 （2）使用方法不正确扣1分 （3）测试结果错误扣4分				
	选用工具	正确选择本任务所需工具、仪器、仪表等	5	（1）错误选择工具、器具类别、规格均扣1分 （2）使用方法不正确扣2分				
电路安装	元器件	元器件完好无损坏	5	一处不符合扣1分				
	焊接	无虚焊，焊点美观符合要求	10	一处不符合扣1分				
	接线	按图接线，接线牢固、规范，布线美观，横平竖直	10	一处不符合扣1分				
	安装	安装正确，完整	5	一处不符合扣1分				
电路调试	故障现象分析与判断	正确分析故障现象发生的原因，判断故障性质	5	（1）逻辑分析错误扣2分 （2）测试判断故障原因错误扣2分 （3）判断结果错误扣3分				
	故障处理	方法正确	5	（1）处理方法错误扣2分 （2）处理结果错误扣3分				
	波形测量	正确使用示波器测量波形，测量的结果要正确	5	一处不符合扣1分				
	电压测量	正确使用万用表测量波形，测量的结果要正确	5	一处不符合扣1分				
通电试运行		试运行一次成功	5	一次试运行不成功扣3分				

（续）

内　　容	考核要求	配分	评分标准	学生自评	小组评分	教师评分	综合
任务报告书完成情况	（1）语言表达准确，逻辑性强 （2）格式标准，内容充实、完整 （3）有详细的项目分析、制作调试过程及数据记录	10	根据完成质量评定				
安全与文明生产	（1）严格遵守实习生产操作规程 （2）安全生产无事故	5	（1）违反规程每一项扣2分 （2）操作现场不整洁扣2分 （3）不听指挥或误操作，发生严重设备和人身事故，取消考试资格				
职业素养	（1）学习、工作积极主动，遵时守纪 （2）团结协作精神好 （3）踏实勤奋，严谨求实	5					
合　　计		100					

巩固提高

一、填空题

1. 数字电路按照是否有记忆功能通常可分为两类：_____和_____。

2. 逻辑函数有四种表示方法，它们分别是_____、_____、_____和_____。

3. 时序逻辑电路的输出不仅和_____有关，而且还与_____有关。

4. 布尔代数中与普通代数相似的定律有_____、_____、_____。

5. 布尔代数的三个重要规则是_____、_____和_____。

6. 最简与或表达式是指在表达式中_____最少，且_____也最少。

7. 组合逻辑电路的输出仅与_____有关。

二、判断题

（　　）1. 任何一个逻辑函数的表达式一定是唯一的。

（　　）2. 逻辑函数的化简的意义在于所构成逻辑电路可节省器件，降低成本，提高工作的可靠性。

（　　）3. 在任意时刻，组合逻辑电路输出信号的状态，仅仅取决于该时刻的输入信号状态。

（　　）4. 任何一个逻辑函数的表达式经化简后，其最简式一定是唯一的。

（　　）5. 与液晶数码显示器相比，LED 数码显示器具有亮度高且耗电最小的特点。

（　　）6. 用 8421 BCD 码表示的十进制数字，必须经译码后才能用七段数码显示器显示出来。

三、选择题

1. 欲表示十进制数的十个数码，需要二进制数码的位数是（　　）。

A. 2 位   B. 4 位   C. 3 位

2. 下列逻辑运算正确的是（   ）。

A. $A + B = A + B$ B. $A + 0 = 0$

C. $AB + C = (A + B)(A + C)$ D. $A + A = A$

3. 逻辑表达式 $Y = \bar{A}B + A\bar{B} + AB$ 化简的结果为（   ）。

A. $Y = AB$ B. $Y = A + B$ C. $Y = A + B$ D. $Y = B$

4. 逻辑函数式 $F = ABC + \bar{A} + \bar{B} + \bar{C}$ 可化简为（   ）。

A. ABC B. 0   C. 1

5. 2 线—4 线译码器有（   ）。

A. 2 条输入线，4 条输入线   B. 4 条输入线，2 条输入线

C. 4 条输入线，8 条输入线   D. 8 条输入线，2 条输入线

6. 8421BCD 码（0010   1000   0011）所表示的十进制数是（   ）。

A. 643   B. 641   C. 283

7. 数字式万用表一般都是采用（   ）显示器。

A. LED 数码   B. 荧光数码   C. 液晶数码

8. 和逻辑式 $\overline{AB}$ 表示不同逻辑关系的逻辑式是（   ）。

A. $\bar{A} + \bar{B}$ B. $\bar{A} \cdot \bar{B}$ C. $\bar{A} \cdot B + \bar{B}$ D. $A\bar{B} + \bar{A}$

9. 八输入端的编码器按二进制数编码时，输出端的个数是（   ）。

A. 2 个   B. 3 个   C. 4 个   D. 8 个

10. 四个输入的译码器，其输出端最多为（   ）。

A. 4 个   B. 8 个   C. 10 个   D. 16 个

11. 当 74LS148 的输入端 $\bar{I}_0 \sim \bar{I}_7$ 按顺序输入 11011101 时，输出 $\overline{Y}_0 \sim \overline{Y}_2$ 为（   ）。

A. 101   B. 010   C. 001   D. 110

12. 能驱动七段数码管显示的译码器是（   ）。

A. 74LS48   B. 74LS138   C. 74LS148   D. TS547

13. 用多个 74LS90 芯片构成的计数器是（   ）计数器。

A. 同步   B. 异步   C. 同步计数器或者异步

14. 用多个 74LS161 芯片构成的计数器是（   ）计数器。

A. 同步   B. 异步   C. 同步计数器或者异步

任务七 触摸转换开关电路的安装与调试

任务引入

触摸转换开关广泛用于楼梯间、卫生间、走廊、仓库、地下通道、车库等场所的自控照明，尤其适合常忘记关灯、关排气扇的场所，可避免长明灯浪费现象，节约用电。本开关为无触点电子开关，不产生火花，在可燃气体场所使用更为安全。使用时，只要用手指摸一下触摸电极，灯就点亮，延时一段时间后会自动熄灭，可以直接取代普通开关，不必更改原有布线。

图 7-1 所示为本任务所用散件及安装完成的成品，图 7-2 所示为本任务中采用的原理图。

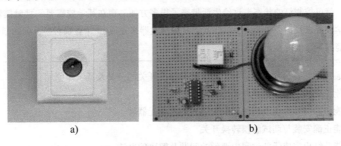

图 7-1 触摸转换开关散件及安装完成的成品

a) 散件 b) 成品

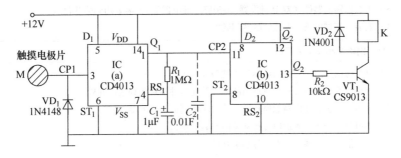

图 7-2 触摸转换开关原理图

学习目标

（1）能根据电路原理图，叙述触摸转换开关电路的工作原理。

（2）能正确使用仪器、仪表，并能对其进行维护保养。

（3）能列出电路所需的电子元器件清单。

（4）能对所选的电子元器件进行识别与检测，为下一步焊接做准备。

（5）能正确安装电子元器件。

（6）能合理、准确地焊接电路，避免错焊、漏焊、虚焊。

（7）能正确调试电路。

（8）能进行自检、互检，判断所制作的触摸转换开关是否符合要求。

（9）能按照国家相关环保规定和工厂要求，进行安全文明生产。

（10）能按照实训工厂的规定填写交接班记录。

任务书

表 7-1　触摸转换开关的安装与调试任务书

时间：　　　　组别：　　　　姓名：

任务名称	触摸转换开关的安装与调试	学时	24 学时
任务描述	目前，触摸转换开关已经广泛应用在日常的生产、生活中，如酒店、公司等都会用到。轻轻触摸一下金属片，就可控制灯的状态，这给生活带来了很多方便。现在某学校需要一批触摸转换开关，厂房暂时没货，学校要求我们在6天内用本任务学习的触发器来完成12个触摸转换开关的制作，要求通过触摸金属片就能控制灯泡的发光状态		
任务目标	（1）通过翻阅资料及教师指导，明确触摸转换开关的分类及其工作原理 （2）能正确画出触摸转换开关的装配图 （3）能识别与检测触摸转换开关中用到的电子元器件 （4）能正确安装与调试触摸转换开关 （5）能总结出完成任务过程中遇到的问题及解决的办法		
资讯内容	（1）日常生活中用到的开关有几类？它们都应用在哪些场合？ （2）怎么画触摸转换开关的装配图？需要注意哪些问题？ （3）怎么识别元器件（双 D 触发器 CD4013、继电器等）？需要用到哪些仪表？ （4）安装与调试电路需要注意哪些问题？		
参考资料	教材、网络及相关参考资料		
实施步骤	（1）分组讨论生活中用到的触摸开关类型及其应用 （2）分组讨论触摸转换开关原理图的画法及元器件清单的列表法并展示 （3）小组分工识别并检测触摸转换开关中所用到的电子元器件 （4）小组分工合作完成触摸转换开关的安装与调试 （5）小组推选代表展示成果，各小组互评 （6）教师总评、总结		
作业	（1）完成相关测量要求 （2）撰写总结报告，包括完成任务过程中遇到的问题及解决办法		

相关知识

触发器是构成时序电路的基本单元，它在某个时刻的输出状态不仅取决于该时刻的输入状态，而且还和它本身的状态有关，因此它具有记忆功能。触发器按功能分 RS 触发器、JK 触发器和 D 触发器。

一、RS 触发器

1. 基本 RS 触发器

基本 RS 触发器是构成各种触发器的基本电路，它有与非型和或非型两种。

（1）与非型基本 RS 触发器。与非型基本 RS 触发器电路如图 7-3 所示，它由两个与非门交叉耦合组成。触发信号由输入端 R、S 进入，Q、$\overline{Q}$ 为一对互补的输出端。

工作原理分析如下。

1）$R=1$、$S=1$。

根据与非门的逻辑功能——"有 0 出 1、全 1 出 0"，可知在这种情况下，G1、G2 的输出决定于 Q、$\overline{Q}$ 的状态。无论电路的原状态是什么，基本 RS 触发器在 $R=1$、$S=1$ 的条件下，将维持原状态不变。这就是触发器的保持功能，体现了触发器具有记忆功能。所以，$R=1$、$S=1$ 也表示触发器的两个输入端没有触发信号输入。

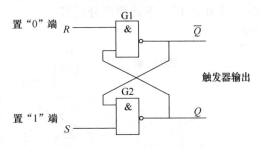

图 7-3　与非型基本 RS 触发器电路

2）$R=1$、$S=0$。

由于 $S=0$，G2 输出 $Q=1$，此时 G1 的两个输入端全为 1 则输出 $\overline{Q}=0$。可见，在这种情况下，$Q=1$，$\overline{Q}=0$，触发器置 1，而与电路原状态无关。所以 $S=0$ 表示 S 端有信号输入。S 端叫置 1 端，这就是触发器的置 1 功能。

3）$R=0$、$S=1$

由于 $R=0$，G1 输出 $\overline{Q}=1$，此时 G2 的两个输入端为全 1，输出 $Q=0$。可见，在这种情况下，触发器输出状态与电路原状态无关。$R=0$ 表示 R 端有信号输入。R 端叫清 0 端，这就是触发器的清 0 功能。

4）$R=0$、$S=0$

显然，在这种情况下，$Q=1$、$\overline{Q}=1$，它破坏了触发器的功能。如果 $R=0$、$S=0$ 之后同时变为 $R=1$、$S=1$（即 R、S 端信号同时消失），则触发器的状态将是不确定的。所以，必须避免出现 $R=0$、$S=0$ 的情况。在应用基本 RS 触发器时，不允许 R 及 S 端同时为 0。

根据输入、输出的关系可以写出基本 RS 触发器的真值表，如表 7-2 所示。表中的 "＊"号表示 R、S 同时加信号时，$Q=1$、$\overline{Q}=1$，当触发信号同时消失后，触发器状态是不确定的。

表 7-2　基本 RS 触发器的真值表

R	S	Q	$\overline{Q}$
0	0	1*	1*
0	1	0	1
1	0	1	0
1	1	不变	不变

与非型基本 RS 触发器的逻辑符号如图 7-4 所示，其中，输入端带小圆圈表示低电平触发，输出端不带小圆圈表示 Q 端，带小圆圈表示 $\overline{Q}$ 端。

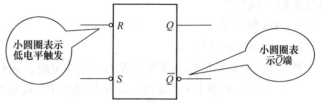

（2）或非型基本 RS 触发器。或非型基本 RS 触发器如图 7-5 所示，它由两个或非门交叉耦合组成。按照或非门的逻辑功能，"有 1 出 0，全 0 出 1"，下面简要分析其功能。

图 7-4 与非型基本 RS 触发器的逻辑符号

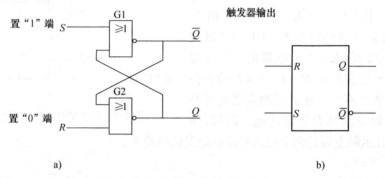

图 7-5 或非型基本 RS 触发器

a）逻辑图 b）逻辑符号

当 $R=0$、$S=0$ 时，触发器维持原状态。

当 $R=1$、$S=0$ 时，不论触发器原状态是什么，G2 的一个输入端 $R=1$，则 $Q=0$；而 G1 两个输入端 Q、S 全为 0，所以 $\overline{Q}=1$，即触发器被置 "0"。

当 $R=0$、$S=1$ 时，触发器被置 "1"。

当 $R=1$、$S=1$ 时，则触发器状态不定，必须避免这种情况的出现。

根据输入、输出的关系可以写出或非型基本 RS 触发器的真值表，如表 7-3 所示。表中的 "∗" 号表示 R、S 同时加信号时，$Q=0$，$\overline{Q}=0$，当触发信号同时消失后，触发器状态是不确定的。

表 7-3 基本 RS 触发器的真值表

R	S	Q	$\overline{Q}$
0	0	不变	不变
0	1	1	0
1	0	0	1
1	1	1∗	1∗

2. 同步 RS 触发器

在实际应用中往往要求在约定的脉冲信号到来时，触发器才能按输入所决定的状态翻转。这个约定的脉冲信号称为时钟脉冲，又称 CP 脉冲。这样触发器的状态将在 CP 脉冲到来时，随输入信号的不同而变化。这种用时钟脉冲控制的触发器称为同步触发器。

（1）电路。同步 RS 触发器的电路及逻辑符号如图 7-6 所示，它是在基本 RS 触发器的两个输入端，各加一个控制门和时钟信号输入端即 CP 端而组成的，R_D、S_D 分别为清 0 端和置 1 端。

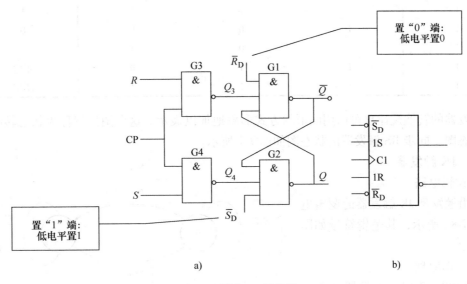

图 7-6　同步 RS 触发器

a）电路图　b）逻辑符号

（2）工作原理。如图 7-6 所示，控制门 G3、G4 都是与非门。和与门一样，与非门的一个输入端可以控制另一个输入端信号的通过。以 CP 端作为控制端。当 CP = 0 时，G3、G4 被封锁 "1"，它表示 R 端或 S 端的信号不能通过 G3、G4；当 CP = 1 时，G3、G4 开放，它表示 R 端或 S 端的信号能通过 G3、G4，但 G3、G4 的输出端分别是 $\overline{R}$ 和 $\overline{S}$。

1）CP = 0 期间，G3、G4 被封锁，$Q_3 = 1$、$Q_4 = 1$，触发器维持原态不变。

2）CP = 1 期间：

$R = 0$、$S = 0$，$Q_3 = 1$、$Q_4 = 1$，触发器维持原态不变。

$R = 0$、$S = 1$，$Q_3 = 1$、$Q_4 = 0$，触发器被置 "1"，$Q = 1$、$\overline{Q} = 0$。

$R = 1$、$S = 0$，$Q_3 = 0$、$Q_4 = 1$，触发器被置 "0"，$Q = 0$、$\overline{Q} = 1$。

$R = 1$、$S = 1$，$Q_3 = 0$、$Q_4 = 0$，这是不允许出现的。

由上可见，同步 RS 触发器只有在 CP 脉冲为高电平时才会被触发，即在 CP = 1 的情况下，再由输入信号 R 和 S 状态决定触发器输出的状态。

（3）特性表、状态图。综上所述，可以得到同步 RS 触发器的真值表如表 7-4 所示，表中 Q^n、Q^{n+1} 分别表示 CP 脉冲作用前后触发器 Q 端的状态。Q^n 称为现态，Q^{n+1} 称为次态。因真值表表示了输入状态、触发器的现态和次态之间的关系，故又称为特性表。

表 7-4　同步 RS 触发器的真值表

CP	R	S	Q^n	Q^{n+1}
1	0	0	0	
1	0	0	1	1

（续）

CP	R	S	Q^n	Q^{n+1}
1	0	1	0	1
1	0	1	1	1
1	1	0	0	0
1	1	0	1	0
1	1	1	0	不定
1	1	1	1	不定

触发器的转换规律也可以用图形的方式形象地加以表示。这个图形就称为状态转换图，简称状态图。同步 RS 触发器的状态图如图 7-7 所示。

二、JK 触发器

1. 逻辑电路

边沿触发型 JK 触发器的逻辑电路如图 7-8a 所示，其逻辑符号如图 7-8b 所示。

2. 工作原理

（1）CP = 0 时，触发器处于一个稳态。

CP 为 0 时，G3、G4 被封锁，

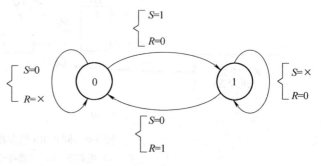

图 7-7　同步 RS 触发器的状态图

不论 J、K 为何种状态，Q_3、Q_4 均为 0，另一方面，G7、G8 也被 CP 封锁，因而由与或非门组成的触发器处于一个稳定状态，使输出 Q、$\overline{Q}$ 状态不变。

（2）CP 由 0 变 1 时，触发器不翻转，为接收输入信号做准备。

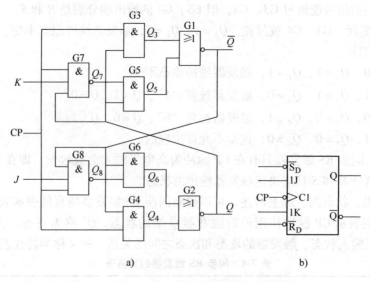

图 7-8　边沿 JK 触发器的逻辑电路和逻辑符号

a）逻辑电路　b）逻辑符号

设触发器原状态为 $Q=0$、$\overline{Q}=1$。当 CP 由 0 变 1 时，有两个信号通道影响触发器的输出状态，一个是 G3 和 G4 打开，直接影响触发器的输出，另一个是 G7 和 G8 打开，再经 G5 和 G6 影响触发器的状态。前一个通道只经一级与门，而后一个通道则要经一级与非门和一级与门，显然 CP 的跳变经前者影响输出比经后者要快得多。在 CP 由 0 变 1 时，G4 的输出首先由 0 变 1，这时无论 Q_6 为何种状态（即无论 J、K 为何状态），都使 Q 仍为 0。由于 Q 同时连接 G3 和 G5 的输入端，因此它们的输出均为 0，使 G1 的输出 $\overline{Q}=1$，触发器的状态不变。CP 由 0 变 1 后，打开 G3 和 G4，为接收输入信号 J、K 做好准备。

（3）CP 由 1 变 0 时触发器翻转。设输入信号 $J=1$、$K=0$，则 $Q_8=0$、$Q_7=1$，G5 和 G6 的输出均为 0。当 CP 下降沿到来时，G4 的输出由 1 变 0，则有 $Q=1$，使 G5 输出为 1，$\overline{Q}=0$，触发器翻转。虽然 CP 变 0 后，G3、G4、G7 和 G8 封锁，$Q_3=Q_4=1$，但由于与非门的延迟时间比与门长（在制造工艺上予以保证），因此 Q_3 和 Q_4 这一新状态的稳定是在触发器翻转之后。由此可知，该触发器在 CP 下降沿触发翻转，CP 一旦到 0 电平，则将触发器封锁，处于（1）所分析的情况。

总之，该触发器在 CP 下降沿前接受信息，在下降沿触发翻转，在下降沿后触发器被封锁。

功能描述：JK 触发器特性见表 7-5。

表 7-5　JK 触发器特性表

CP	J	K	Q^n	Q^{n+1}
↓	0	0	0	0
↓	0	0	1	1
↓	0	1	0	0
↓	0	1	1	0
↓	1	0	0	1
↓	1	0	1	1
↓	1	1	0	1
↓	1	1	1	0

由特性表可以得到 JK 触发器的特性方程

$$Q^{n+1} = \overline{J}KQ^n + \overline{J}\,\overline{K}\,Q^n + J\overline{K}Q^n + JK\overline{Q^n} = J\,\overline{Q^n} + \overline{K}Q^n$$

JK 触发器的状态图如图 7-9 所示。

三、D 触发器

本任务中采用双 D 触发器 CD4013 实现触摸转换控制功能。

1. 电路

维持—阻塞 D 触发器如图 7-10 所示。图中与非门 G1、G2 组成基本 RS 触发器，G3、G4、G5、G6 四个与非门组成控制门。

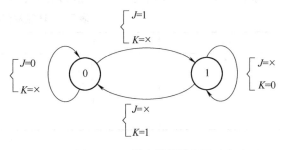

图 7-9　JK 触发器的状态图

2. 工作原理

CP = 0 时，G3、G4 被封锁，$Q_3=Q_4=1$，触发器维持原状态不变。

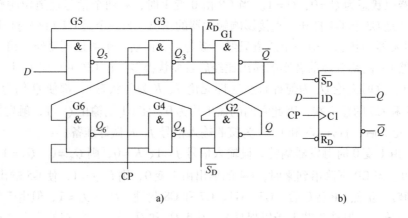

图 7-10　维持—阻塞 D 触发器

a）逻辑图　b）逻辑符号

CP 的上升沿到来时：

如果 $D=0$，则 $Q_5=1$，$Q_6=0$，所以 $Q_3=0$、$Q_4=1$，触发器置0，$Q=0$，$\overline{Q}=1$。由于 $Q_3=0$ 保证了 $Q_5=1$，即使 D 状态发生变化，也不能再进入触发器，阻塞了 D 端信号进入触发器的通道，维持了 $Q_3=0$，使触发器处于0状态。所以 G3 的输出端到 G5 的输入端的连线叫作"置0维持线"。

如果 $D=1$，则 $Q_5=0$，G3、G6 被封锁，$Q_3=1$、$Q_6=1$。此时，G4 开放，$Q_4=0$，触发器置"1"，$Q=1$，$\overline{Q}=0$。由于 $Q_4=0$ 封锁了 Q_3，从而阻塞了 G3 输出置0信号，所以 G4 的输出端到 G3 的输入端的连线叫作"置0阻塞线"。另外，$Q_4=0$，使 $Q_6=1$，保证了在 CP = 1 期间 $Q_4=0$，维持了触发器处于1状态。所以 G4 的输出端到 G6 的输入端的连线叫作"置1维持线"。

由此可见，维持—阻塞触发器是在 CP 上升沿来到时才收到 D 端信号，之后即使 D 端信号改变，触发器状态也不受影响。所以，维持—阻塞触发器是上升沿触发器，又称为边沿触发型 D 触发器。

综上所述，D 触发器的逻辑功能可以用表 7-6 来表示。

表 7-6　D 触发器的特性表

CP	D	Q^n	Q^{n+1}
↑	0	0	0
↑	0	1	0
↑	1	0	1
↑	1	1	1

由特性表得到特性方程

$$Q^{n+1}=D\ (\overline{Q^n}+Q^n)\ =D$$

D 触发器的状态图如图 7-11 所示。

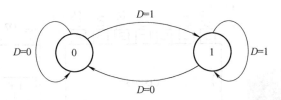

图 7-11　D 触发器的状态图

任务分析

触摸转换开关电路如图 7-2 所示，其电路原理框图如图 7-12 所示。这个电路使用 CMOS 集成电路 CD4013 双 D 触发器，分别接成一个单稳态电路和一个双稳态电路。单稳态电路的作用是对触摸信号进行脉波宽度整形，保证每次触摸动作都可靠。双稳态电路用来驱动晶体管 Q_1 的开通或关闭，进而控制继电器。

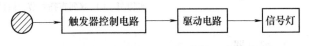

图 7-12　触摸转换开关电路原理框图

一、工作原理

M 为触摸电极片，手指摸一下 M，使人体泄漏的交流电的正半周信号进入 IC（a）的第 3 脚即单稳态电路的 CP1 端，使单稳态电路反转进入瞬时，其输出端 Q_1 即 1 脚由原来的低电位跳变为高电位，此高电位经 R_1 向 C_1 充电，使 4 脚即 RS_1 端的电位上升，当上升到复位（Reset）电位时，单稳态电路复位，1 脚恢复低电位。所以每触摸一次电极片 M，1 脚就输出一个固定宽度的正脉波。此正脉波将直接加到 11 脚即双稳态电路的 CP2 端，使双稳态电路反转一次，其输出端 Q_2 即 13 脚电位就改变一次。当 13 脚为高电位时，VT_1 的基极通过 R_2 获得正向电流而导通，使继电器动作，进而以它的接点来做控制。由此可见，每触摸一次电极片 M，就能实现继电器"开"或"关"的动作。

二、元器件分析

1. 双 D 触发器集成电路 CD4013

CD4013 是一双 D 触发器，由两个相同的、相互独立的数据型触发器构成。每个触发器有独立的数据、置位、复位、时钟输入和 Q 及 $\bar{Q}$ 输出，此器件可用做移位寄存器，且通过将 Q 输出连接到数据输入，可用做计算器和触发器（见图 7-13）。在时钟上升沿触发时，加在 D 输入端的逻辑电平传送到 Q 输出端。置位和复位与时钟无关，而分别由置位或复位线上的高电平完成。CD4013 真值表见表 7-7。

表 7-7　CD4013 真值表

CL	D	R	S	Q	$\bar{Q}$
↑	0	0	0	0	1
↑	1	0	0	1	0
↓	×	0	0	Q	$\bar{Q}$
×	×	1	0	0	1
×	×	0	1	1	0
×	×	1	1	1	1

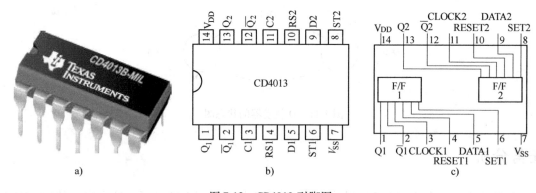

图 7-13 CD4013 引脚图

a）实物图 b）双列直插封装引脚图 c）内部结构

2. 继电器

（1）继电器的工作原理。继电器是一种电子控制器件，通常应用于自动控制电路中。继电器实际上是用较小的电流去控制较大电流的一种"自动开关"，故在电路中起着自动调节、安全保护及转换电路等作用。如图 7-14 所示，继电器的种类较多，如电磁式继电器、舌簧式继电器、起动继电器、限时继电器、直流继电器及交流继电器等，在电子电路中应用得最广泛的是电磁式继电器。

图 7-14 继电器实物图

a）各种继电器 b）本任务中的小型继电器 c）继电器电路符号

图 7-15 为电磁式继电器的组成，由铁心、线圈、衔铁及触点簧片等组成。只要在线圈两端加上一定的电压，线圈中就会流过一定的电流，从而产生电磁效应，衔铁就会在电磁力吸引的作用下克服弹簧的拉力吸向铁心，从而带动衔铁的动触点与静触点（动合触点）吸合。当线圈断电后，电磁的吸力也随之消失，衔铁就会在弹簧的反作用力作用下返回原来的位置，使动触点与原来的静触点（常闭触点）吸合。这样吸合、释放，达到在电路中的导通、切断的目的。继电器的"动合""动断"触点可以这样来区分：继电器线圈未通电时处于断开状态的静触点，称为"常开触点"；处于接通状态的静触点称为"动断触点"。

电磁式继电器又可分为直流和交流两种。凡是交流电磁继电器，其铁心上都嵌有一个铜制的短路环，而直流继电器是没有的。

（2）继电器的工作特性。

1）额定工作电压：继电器正常工作时线圈所需要的电压。根据继电器的型号不同，可

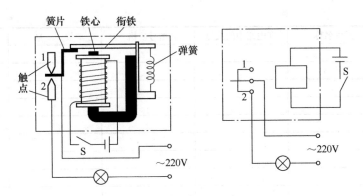

图7-15　电磁式继电器的组成

以是交流电压，也可以是直流电压。

2）直流电阻：继电器中线圈的直流电阻，可以用万用表测试。

3）吸合电流：继电器能够产生吸合动作的最小电流。在正常使用时，给定的电流必须略大于吸合电流，这样继电器才能稳定地工作。而对于线圈所加的工作电压，一般不要超过额定工作电压的1.5倍，否则会产生较大的电流而把线圈烧毁。

4）释放电流：继电器产生释放动作的最大电流。当继电器吸合状态的电流减小到一定程度时，继电器就会恢复到未通电的释放状态。这时的电流远远小于吸合电流。

5）触点切换电压和电流：继电器允许加载的电压和电流，它决定了继电器能控制电压和电流的大小，使用时不能超过此值，否则很容易损坏继电器的触点。

（3）继电器型号的命名和标志方法。

1）如图7-16所示，继电器的型号一般由主称代号、外形符号、短划线、序号和防护特征符号组成。

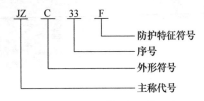

图7-16　继电器命名方法

2）继电器的规格号由型号和规格序号组成：型号与规格序号之间用斜线分隔，规格序号不能单独使用。

3）继电器的规格序号须根据形成其系列的主要特征，如线圈额定电压、安装方式、引出端形式或触点组数等进行命名。

任务实施

一、电路装配准备

结合触摸转换开关的电路原理图，在表7-8中列出完成本任务会用到的电子元器件清单。

表7-8　触摸转换开关电子元器件清单

序　　号	元件名称	在电路中的编号	型号规格	数　　量	备　　注

（续）

序　号	元件名称	在电路中的编号	型号规格	数　量	备　注

二、元器件的检测与筛选

1. 外观质量检查

电子元器件应完整无损，各种型号、规格、标志应清晰、牢固。

2. 元器件的测试

（1）检测继电器（见表7-9）。

表 7-9　继电器的测量和质量判别

	图　示	测量步骤与质量判别	注意事项
外观判别	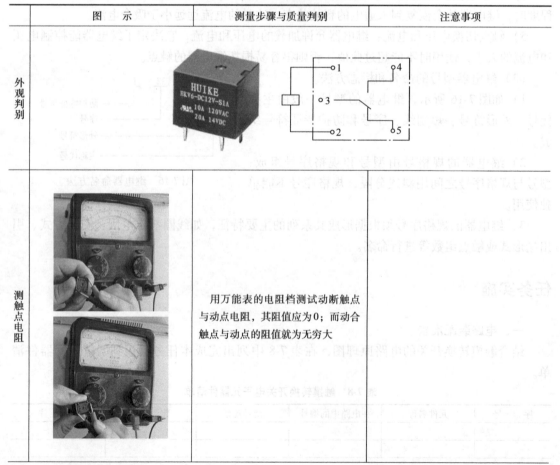		
测触点电阻		用万能表的电阻档测试动断触点与动点电阻，其阻值应为0；而动合触点与动点的阻值就为无穷大	

（续）

图　示	测量步骤与质量判别	注意事项
测线圈电阻	可用万用表 R×100 档测试继电器线圈的阻值，从而判断该线圈是否存在着开路现象	

（2）其他元器件请参照前面相关资料。

三、电路组装

（1）用万用表检测元器件的性能和好坏后，清除元件的氧化层，搪锡并引线成型。

（2）剥去导线的线端绝缘，清除氧化层，均加以搪锡处理。

（3）晶体管、极性电容器等有极性元器件在安装时注意极性，切勿安错。

（4）灯头插座固定在电路板上。根据灯头插座的尺寸在电路板上钻固定孔和连接导线。

（5）插装元器件，经检查无误后，焊接固定。

（6）将各个元件用导线连接起来，组成完整的电路。

（7）焊接完成后，要检查焊点是否合格，并清洁焊接表面。

四、电路调试

1. 目视检测

电路安装完成后，首先对照电路原理图检查各元器件有无错焊、漏焊和虚焊等情况，并判断接线是否正确，元器件的引脚是否连接正确，布线是否符合要求。

2. 通电检测

按以下步骤调试并做好记录。

（1）检查各元器件有无错焊、漏焊和虚焊等情况，并判断接线是否正确。

（2）接通电源，观察有无异常现象，如是否有发热、冒烟等现象，发现异常立即断电，检查元件是否有错装、漏焊等现象。

（3）本电路设计是采用国际标准的二线制接线方式，安装时火线进开关。

（4）可一个开关负载多个灯泡，也可多个开关并联负载一个灯泡。

（5）如灯光点亮时间很短，是零线接入开关所致，拆下零线，把火线正确接入开关即可。

（6）本开关严禁短路及超载使用（单个开关负载总功率不能大于 100W）。

（7）本开关底板带电，通电后不能用手触摸电路板的任何部位，以防触电。检修时可以使用 1∶1 的隔离变压器，以确保安全。

（8）按表 7-10 测试并记录（此表仅做参考，可根据情况更好地设计测试项目）。

表7-10   调试记录

测试点	示波器波形	量 程	测试结果	分 析

调试过程中，若出现故障或人为在电路的关键点设置故障点，对照电原理图，讨论并分析故障原因及解决办法，记录在表7-11中。

表7-11   故障检修

问 题	基本原因	解决方法
触摸后电路无反应		
灯亮度不正常		
灯不亮		
灯长亮		

五、实训报告要求

（1）画出触摸转换开关电路原理图。

（2）完成测试记录。

（3）分析触摸转换开关电路原理图的组成，它们的作用是什么？

知识链接

用 CD4013 实现一按键双功能电路

通常在应用中要求一个操作按键实现两种功能时，大多要借助单片机来完成，在没有单片机的情况下，就只好分别使用两个按键，或采用双刀切换等方式。

这里介绍一种由触发器构成的电路，通过操作按键时间的长短利用一个按键实现开机/关机的双重功能，可用于许多小型游戏机电路中。电路如图7-17所示。

图7-17中以白炽灯 HL 代替用电设备，当按下 SB 时，R_1、C_1 与 R_3、C_2 组成两个积分电路，由 CD4000 系列的特性可知，当 CLK（CD4013 的 3 脚）、RST（CD4013 的 4 脚）端的电位上升到 $1/2V_{CC}$ 时，CD4013 输出端发生改变，而 CLK 端到达的时间为 SB 按下后的 t_1，RST 端到达的时间为 SB 按下后的 t_2，由

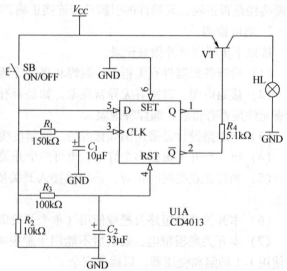

图7-17   一按键双功能电路

图 7-18 有，

$$t_1 = R_1C_1\ln2 = 1 \ (s) \qquad t_2 = R_3C_2\ln2 = 2.29 \ (s)$$

即，当 SB 按下时间 t 为 $t_1 < t < t_2$ 时，CD4013 在 CLK 与 D 端收到 SB 送来的信号后，使其 2 脚为低电平使 VT 导通；当 SB 按下时间 t 为 $t_2 < t$ 时，VT 关断。

评价标准（见表 7-12）

表 7-12　任务评分表

姓名：_____ 学号：_____ 合计得分：_____

内 容		考核要求	配分	评分标准	学生自评	小组评分	教师评分	综合
任务资讯掌握情况		（1）明确文字、图形符号意义、各元件的作用 （2）能熟练掌握触摸转换开关的工作原理并进行分析	10	（1）错误解释文字、图形符号意义，每个扣 1 分 （2）错误说明设备、元器件在电路中的作用，每个扣 1 分 （3）电路原理不清楚扣 5 分				
电路安装准备	识别元器件	正确识别 CD4013、继电器等电子元器件	5	（1）元器件型号每识错一个扣 1 分 （2）元器件规格每识错一个扣 1 分				
	选用仪器、仪表	（1）能详细列出元件、工具、耗材及使用仪器、仪表清单 （2）能正确使用仪器、仪表	5	（1）错误选择仪器、仪表扣 3 分 （2）使用方法不正确扣 1 分 （3）测试结果错误扣 4 分				
	选用工具	正确选择本任务所需工具、仪器、仪表等	5	（1）错误选择工具、器具类别、规格均扣 1 分 （2）使用方法不正确扣 2 分				
电路安装	元器件	元器件完好无损坏	5	一处不符合扣 1 分				
	焊接	无虚焊，焊点美观符合要求	10	一处不符合扣 1 分				
	接线	按图接线，接线牢固、规范，布线美观，横平竖直	10	一处不符合扣 1 分				
	安装	安装正确，完整	5	一处不符合扣 1 分				
电路调试	故障现象分析与判断	正确分析故障现象发生的原因，判断故障性质	5	（1）逻辑分析错误扣 2 分 （2）测试判断故障原因错误扣 2 分 （3）判断结果错误扣 3 分				
	故障处理	方法正确	5	（1）处理方法错误扣 2 分 （2）处理结果错误扣 3 分				
	波形测量	正确使用示波器测量波形，测量的结果要正确	5	一处不符合扣 1 分				
	电压测量	正确使用万用表测量波形，测量的结果要正确	5	一处不符合扣 1 分				

（续）

内　容	考核要求	配分	评分标准	学生自评	小组评分	教师评分	综合
通电试运行	试运行一次成功	5	一次试运行不成功扣 3 分				
任务报告书完成情况	（1）语言表达准确，逻辑性强 （2）格式标准，内容充实、完整 （3）有详细的项目分析、制作调试过程及数据记录	10	根据完成质量评定				
安全与文明生产	（1）严格遵守实习生产操作规程 （2）安全生产无事故	5	（1）违反规程每一项扣 2 分 （2）操作现场不整洁扣 2 分 （3）不听指挥或误操作，发生严重设备和人身事故，取消考试资格				
职业素养	（1）学习、工作积极主动，遵时守纪 （2）团结协作精神好 （3）踏实勤奋，严谨求实	5					
合　计		100					

巩固提高

一、填空题

1. 在一个 CP 脉冲作用下，引起触发器两次或多次翻转的现象称为触发器的_____，触发方式为_____式或_____的触发器不会出现这种现象。

2. 触发器根据逻辑功能的不同，可分为_____、_____、_____、_____等。

3. 触发器通常由_____电路组成，但其逻辑功能却与之完全不同。

4. 触发器具有_____功能，它在某一刻输出不仅_____，而且_____。

5. 触发器电路中，S_D 端、R_D 端可以根据需要预先将触发器_____或_____，而不受_____控制。

6. 触发器符号图中，引脚端标有小圆圈表示输入信号_____电平有效；字母符号上加横线的表示_____电平有效，字母符号上没有横线的表示_____电平有效。

7. D 触发器的功能是_____、_____。

二、判断题

（　　）1. 触发器在某一时刻的输出状态，不仅取决于当时输入信号的状态，还与电路的原始状态有关。

（　　）2. 触发器进行复位后，其两个输出端均为 0。

（　　）3. 触发器与组合电路两者均没有记忆能力。

（　　）4. 触发器只有在 CP 脉冲的边沿才能被触发。

（　　）5. 基本 RS 触发器不仅具有对脉冲信号的记忆和存储作用，而且还具有计数的功能。

三、选择题

1. 触发器与组合电路比较（　　）。

A. 两者都有记忆能力　　B. 只有组合逻辑电路有记忆能力　　C. 只有触发器有记忆能力

2. 触发器工作时，时钟脉冲作为（　　）。

A. 输入信号　　　　　B. 清零信号　　　　　C. 抗干扰信号　　　　　D. 控制信号

3. JK 触发器在触发脉冲作用下，若 J、K 同时接地，触发器实现（　　）功能，若 J、K 同时悬空，触发器实现（　　）功能。

A. 保持　　　　　　　B. 置 0　　　　　　　C. 置 1　　　　　　　D. 翻转

4. D 触发器的特点是（　　）。

A. 上升沿触发　　　　B. 下降沿触发　　　　C. 触发式输出跟随输入变化

5. （　　）触发器是 JK 触发器在 $J = K$ 条件下的特殊情况的电路。

A. D　　　　　　　　　B. T　　　　　　　　　C. RS

任务八 叮咚门铃的安装与调试

任务引入

目前，门铃已经广泛应用在日常生活中，它音质优美、悦耳动听，给我们的生活带来了很多方便。现在学校的实训室需要用到叮咚门铃，领导下达了安装任务，要求我们在4天内完成30个叮咚门铃的安装与调试工作。

本任务就是安装与调试叮咚门铃，图8-1为本任务安装完成的成品，图8-2为叮咚门铃电路原理图。

图8-1 本任务安装完成的成品

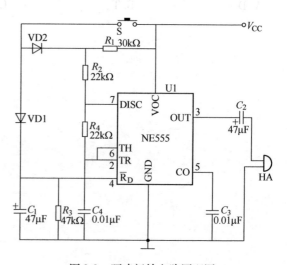

图8-2 叮咚门铃电路原理图

学习目标

（1）通过各种信息渠道收集制作简易电子产品有关的必备专业知识和信息。

（2）能在教师的指导下，根据叮咚门铃电路原理图，分析电路的工作原理。

（3）能列出实现叮咚门铃电路所需的电子元器件清单。

（4）能正确使用仪器仪表，并能进行维护保养。

（5）能对所选的元器件进行识别与检测，为下一步焊接做准备。

（6）能正确安装电子元器件。

（7）能合理、准确地焊接电路，避免错焊、漏焊、虚焊。

（8）能正确调试电路。

（9）能进行自检、互检，判断所制作的叮咚门铃是否符合要求。

（10）能按照国家相关环保规定和工厂要求，进行安全文明生产。

任务书

表 8-1　叮咚门铃的安装与调试任务书

时间：　　　　　　　组别：　　　　　　　姓名：

任务名称	叮咚门铃的安装与调试	学时	30 学时
任务描述	本项目要求设计一个用于防盗门的叮咚门铃，要求只要按下按键，门铃就能发出悦耳的"叮咚"声音，要求电路简单、成本低、安全可靠		
任务目标	（1）通过翻阅资料及教师指导，明确叮咚门铃的分类及其工作原理 （2）能识别与检测叮咚门铃中用到的电子元器件 （3）能正确安装与调试叮咚门铃 （4）能总结出完成任务过程中遇到的问题及解决的办法		
资讯内容	（1）日常生活中用到的门铃有几类？ （2）怎么分析叮咚门铃的原理图？需要注意哪些问题？ （3）怎么识别元器件？需要用到哪些仪表？ （4）安装与调试电路需要注意哪些问题？		
参考资料	教材、网络及相关参考资料		
实施步骤	（1）分组讨论生活中用到的门铃类型及其应用 （2）分组讨论叮咚门铃原理图的画法及元器件清单的列表法并展示 （3）小组分工识别并检测叮咚门铃中所用到的电子元器件 （4）小组分工合作完成叮咚门铃的安装与调试 （5）小组推选代表展示成果，各小组互评 （6）教师总评、总结		
作业	（1）完成相关测量要求 （2）撰写总结报告，包括完成任务过程中遇到的问题及解决办法		

相关知识

在科技日新月异的今天，各式各样的电子产品比比皆是。这些电子产品都是由一些中小规模的集成电路和一些元器件构成的。555 定时器是一种将模拟功能与数字（逻辑）功能紧密结合在一起的中小规模单片集成电路。它功能多样，应用广泛，只要外部配上几个阻容元器件即可构成单稳态触发器、施密特触发器、多谐振荡器等电路，是脉冲波形产生与变换的重要元器件，广泛应用于信号的产生与变换、控制与检测、家用电器以及电子玩具等领域。

集成 555 定时器是一种将模拟电路与数字电路的功能巧妙结合在一起的多用途单片集成

电路。该电路使用灵活、方便，只需外接少许的阻容元件就可以构成脉冲单元电路，因而在自动控制、仪器仪表和实用电器等许多领域都得到了广泛的应用。

555 定时器根据内部器件类型可分为双极型和单极型。它的电源电压范围宽（双极型 555 定时器为 5~16V，单级型 555 定时器为 3~18V），可提供与 TTL、CMOS 数字电路兼容的接口电平，还可以输出一定功率，驱动微电动机、指示灯和扬声器等。555 定时器又可分为单定时器和双定时器型。TTL 单定时器型号的最后三位数字为 555，双定时器型号的最后三位数字为 556；CMOS 单定时器型号的最后四位数字为 7555，双定时器型号的最后四位数字为 7556。

一、555 定时器的组成及工作原理

555 定时器内部结构框图如图 8-3 所示，一般由分压器、比较器、基本 RS 触发器和晶体管放电开关组成。

1. 分压器

由三个 $5k\Omega$ 的电阻串联组成分压器，其上端接电源 V_{CC}（8 端），下端接地（1 端），为两个比较器 A_1、A_2 提供基准电平。使比较器 A_1 的 " + " 端接基准电平 $2V_{CC}/3$（5 端），比较器 A_2 的 " – " 端接 $V_{CC}/3$。如果在控制端（5 端）外加控制电压，可以改变两个比较器的基准电平。不用外加控制电压时，可用 $0.01\mu F$ 的电容使 5 端交流接地，以旁路高频干扰。

2. 比较器

A_1、A_2 是两个比较器。其 " + " 端是同相输入端，" – " 端是反相输入端。由于比较器的灵敏度很高，当同相输入端电平略大于反相端时，其输出端为高电平；反之，当同相输入端电平略小于反相输入端电平时，其输出端为低电平。因此，当高电平触发端（6 端）的触发电平大于 $2V_{CC}/3$ 时，比较器 A_1 的输出为低电平；反之输出为高电平。当低电平触发端（2 端）的触发电平略小于 $V_{CC}/3$ 时，比较器 A_2 的输出为低电平；反之，输出为高电平。

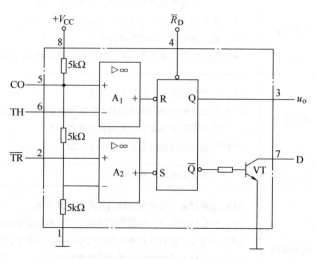

图 8-3　555 定时器内部结构框图

3. 基本 RS 触发器

比较器 A_1 和 A_2 的输出端就是基本 RS 触发器的输入端 R 和 S。因此，基本 RS 触发器的状态（3 端的状态）受 6 端和 2 端的输入电平控制。图中的 4 端是低电平复位端。在 4 端施加低电平时，可以强制复位，使 $Q = 0$。平时，将 4 端接电源 V_{CC} 的正极。

4. 晶体管放电开关

图中晶体管 VT 构成放电开关，使用时将其集电极接正电源，基极接基本 RS 触发器的 $\overline{Q}$ 端。当 $\overline{Q} = 0$ 时，VT 截止；当 $\overline{Q} = 1$ 时，VT 饱和导通。可见晶体管 VT 作为放电开关，其通断状态由触发器的状态决定。

综上所述，不难得出定时器的基本功能见表 8-2。

表8-2 定时器的基本功能表

U_{TH}	$U_{\overline{TR}}$	$\overline{R}_D$	Q	放电管状态
×	×	0	0	导通
$>2V_{CC}/3$	$>V_{CC}/3$	1	0	导通
$<2V_{CC}/3$	$>V_{CC}/3$	1	保持	保持不变
$<2V_{CC}/3$	$<V_{CC}/3$	1	1	截止

二、集成555定时器的基本应用电路

1. 用555定时器构成多谐振荡器

多谐振荡器又称为无稳态触发器，它没有稳定的输出状态，只有两个暂稳态。在电路处于某一暂稳态后，经过一段时间可以自行触发翻转到另一暂稳态。两个暂稳态自行相互转换而输出一系列矩形波。多谐振荡器可用作方波发生器（见图8-4）。

接通电源后，假定是高电平，则 VT（7脚）截止，电容 C 充电。充电回路是 V_{CC}—R_1—R_2—C—地，按指数规律上升，当上升到 $2V_{CC}/3$ 时，输出翻转为低电平，VT 导通，C 放电，放电回路为 C—R_2—VT—地，按指数规律下降，当下降到 $V_{CC}/3$ 时，输出翻转为高电平，放电管 VT 截止，电容再次充电，如此周而复始，产生振荡，经分析可得

输出高电平时间 $\qquad T=(R_1+R_2)C\ln2$

输出低电平时间 $\qquad T=R_2C\ln2$

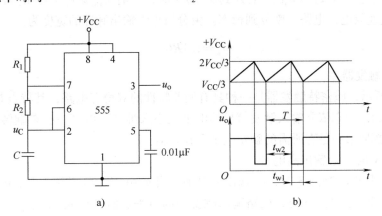

图8-4 555电路构成的多谐振荡器

a) 外部连线原理图 b) 工作波形图

在555电路的输出端就获得一个矩形波，其振荡周期为

$$T=t_{w1}+t_{w2}\approx0.7(R_1+2R_2)C$$

2. 用555定时器构成单稳态触发器

单稳态触发器只有一个稳定状态。在未加触发信号之前，触发器处于稳定状态，经触发后，触发器由稳定状态翻转为暂稳状态，暂稳状态保持一段时间后，又会自动翻转回原来的稳定状态。单稳态触发器一般用于延时和脉冲整形电路（见图8-5）。

接通电源后，未加负脉冲，输入端 $u_i=1$，C 充电，u_C（u_{TH}）上升到 $2V_{CC}/3$ 时，电路

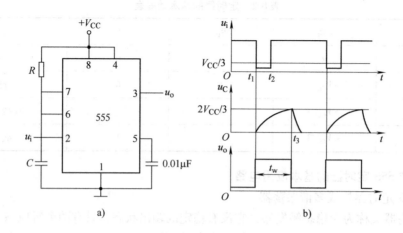

图 8-5　555 电路构成的单稳态触发器

a）外部连线原理图　b）工作波形图

输出为低电平，放电管 VT（7 脚）导通，C 快速放电至 $\overline{TR}$ 端（2 脚），$u_{TH} < 2V_{CC}/3$，$u_{\overline{TR}} = u_i = 1 > V_{CC}/3$，这样，在加负脉冲前，输出保持为低电平，这是电路的稳态。在单稳态触发器有触发脉冲时，即 $u_{\overline{TR}} = u_i = 1 < V_{CC}/3$ 时，由于 $u_{TH} < 2V_{CC}/3$，所以输出翻为高电平，VT 截止，C 充电，按指数规律上升。当 $u_{TH} = u_C < 2V_{CC}/3$ 时，输出保持原状态 1 不变，这段时间电路处于暂稳态。当 u_C（u_{TH}）上升到 $2V_{CC}/3$ 时，又有 $u_{\overline{TR}} > V_{CC}/3$，电路又发生翻转，VT 导通，$C$ 快速放电，电路又恢复到稳态。由分析可得输出脉冲的宽度为

$$t_w \approx 1.1RC$$

3. 施密特触发器

如图 8-6 所示，施密特触发器是一种具有回差特性的双稳态电路，其特点是：电路具有两个稳态，且两个稳态依靠输入触发信号的电平大小来维持，由第一稳态翻转到第二稳态，再由第二稳态翻回第一稳态所需的触发电平存在差值。

（1）$u_i = 0V$ 时，u_o 输出高电平。

（2）当 u_i 上升到 $2V_{CC}/3$ 时，u_o 输出低电平。当 u_i 由 $2V_{CC}/3$ 继续上升，u_o 保持不变。

（3）当 u_i 下降到 $V_{CC}/3$ 时，电路输出跳变为高电平。而且在 u_i 继续下降到 0V 时，电路的这种状态不变。

施密特触发器的特点：

（1）有两个稳定状态。

（2）有两个不同的触发电位，故具有回差电压。

（3）能够把变化非常缓慢的输入波形整形成为合适于数字电路需要的矩形脉冲，且因电路内部的正反馈作用，使输出波形边沿很陡峭。

任务分析

本学习任务使用 NE555 集成电路组成的多谐振荡器实现门铃功能，该门铃能发出音质

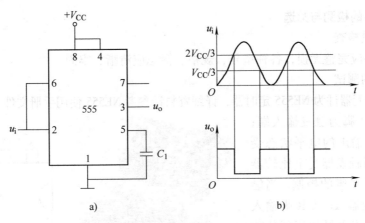

图 8-6　555 电路构成的施密特触发器

a）外部接线原理图　b）工作波形图

优美的"叮咚"声。本电路制作装调简单容易、成本较低，耗电量较低。

如图 8-2 所示，当按下按键 S，电源经 VD_1 对 C_1 充电，当 C_1 正极的充电电压（集成块 4 脚电压）被充到大于 1V 时，电路开始振荡，振荡频率约 650Hz，扬声器发出"叮"的声音。放开按键 S 时，C_1 便通过电阻 R_3 放电，维持振荡。但由于按键 S 的断开，电阻 R_1 被串入电路，使振荡频率有所改变，大约为 470Hz 左右，扬声器发出"咚"的声音。直到 C_1 上电压（集成块 4 脚电压）低于 1V，不能维持 555 振荡为上。"咚"声的余音的长短可通过改变 C_1 的数值来改变。再按一次按钮，电路重复上述的过程。

任务实施

一、电路装配准备

结合叮咚门铃的电路原理图，列出完成本任务会用到的电子元器件清单（见表 8-3）。

表 8-3　叮咚门铃电子元器件清单

序　　号	元器件名称	在电路中的编号	型号规格	数量	备　　注

二、元器件的检测与筛选

1. 外观质量检查

电子元器件应完整无损，各种型号、规格、标志应清晰、牢固。

2. 元器件的测试

本任务关键元器件为 NE555 定时器，详细资料请参考 NE555 使用手册文件（见图 8-7）。

1 脚为地。2 脚为触发输入端；3 脚为输出端，输出的电平状态受触发器控制，而触发器受上比较器 6 脚和下比较器 2 脚的控制。当触发器接受上比较器 A1 从 R 脚输入的高电平时，触发器被置于复位状态，3 脚输出低电平；2 脚和 6 脚是互补的，2 脚只对低电平起作用，高电平对它不起作用，即电压小于

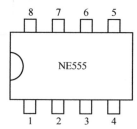

图 8-7　NE555 实物及管脚图

$V_{CC}/3$，此时 3 脚输出高电平。6 脚为阈值端，只对高电平起作用，低电平对它不起作用，即输入电压大于 $2V_{CC}/3$，称高触发端，3 脚输出低电平，但有一个先决条件，即 2 脚电位必须大于 $V_{CC}/3$ 时才有效。3 脚在高电位接近电源电压 V_{CC}，输出电流最大可达 200mA。4 脚是复位端，当 4 脚电位小于 0.4V 时，不管 2、6 脚状态如何，输出端 3 脚都输出低电平。5 脚是控制端。7 脚称放电端，与 3 脚输出同步，输出电平一致，但 7 脚并不输出电流，所以 3 脚称为实高（或低）、7 脚称为虚高。

三、电路组装

（1）用万用表检测元器件的性能和好坏后，清除元件的氧化层，搪锡并引线成型。

（2）剥去导线的线端绝缘，清除氧化层，均加以搪锡处理。

（3）二极管、极性电容器等有极性元器件应正向连接。

（4）插装元器件，经检查无误后，焊接固定。

四、电路调试

1. 目视检测

电路安装完成后，首先对照电路原理图检查各元器件有无错焊、漏焊和虚焊等情况，并判断接线是否正确、元器件的引脚是否连接正确、布线是否符合要求。

2. 通电检测

接通电源，观察有无异常现象，如是否有发热、冒烟等现象，发现异常立即断电。按下与松开按键，观察电路是否能实现其应有功能，如果按下按键能发出悦耳的叮咚声，说明电路工作正常。

3. 功能测试

在板子完成后，对其进行功能测试并做好记录，步骤如下：

（1）按下开关不松手，边调整 R_4 的阻值，边用示波器的两个通道分别观察 555 的 2（6）脚和 3 脚波形，并记录。

（2）松开开关，边调整 R_1 的阻值，边用示波器的两个通道分别观察 555 的 2（6）脚和 3 脚波形，并记录。

（3）调节 R_3、C_1 的值，改变"咚"的声音长短。

调试过程中，若出现故障或可以人为在电路的关键点设置故障点，对照电原理图，讨论并分析故障原因及解决办法（见表8-4）。

表8-4 故障检修

问 题	基本原因	解决方法
按下开关，扬声器不发声		
按下开关，扬声器只发出一种声音		
叮咚的声音不协调，咚声持续时间太长		

五、实训报告要求

（1）画出叮咚门铃电路原理图。

（2）完成测试记录。

（3）分析叮咚门铃电路的原理，描述它们各部分作用是什么。

思考题：

（1）未闭合开关时，扬声器为什么不发声？

（2）闭合和断开开关后为什么会发出两种不同的声音？

（3）"咚"声为什么持续一段时间后会消失？持续时间的长短和什么因素有关？

知识链接

555 定时器小制作

555 定时器成本低，性能可靠，只需要外接几个电阻、电容，就可以实现多谐振荡器、单稳态触发器及施密特触发器等脉冲产生与变换电路。它也常作为定时器广泛应用于仪器仪表、家用电器、电子测量及自动控制等方面，下面仅举几个应用实例。

一、555 触摸定时开关

如图8-8所示，用555实现定时电路，在这里接成单稳态电路。平时由于触摸片 P 端无感应电压，电容 C_1 通过 555 的 7 脚放电完毕，3 脚输出为低电平，继电器 K 释放，电灯不亮。

当需要开灯时，用手触碰一下金属片 P，人体感应的杂波信号电压由 C_2 加至 555 的触发端，使 555 的输出由低变成高电平，继电器 K 吸合，电灯点亮。同时，555 的 7 脚内部截止，电源便通过 R_1 给 C_1 充电，这就是定时的开始。当电容 C_1 上电压上升至电源电压的 2/3 时，

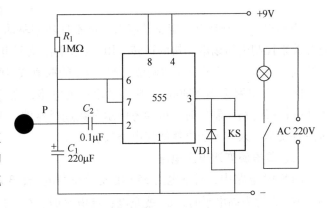

图8-8 555 触摸定时开关

555 的 7 脚导通使 C_1 放电，使 3 脚输出由高电平变回到低电平，继电器释放，电灯熄灭，

定时结束。定时长短由 R_1、C_1 决定：$T_1 = 1.1R_1C_1$。按图 8-9 中所标数值，定时时间约为 4min。VD_1 可选用 1N4148 或 1N4001。

二、风扇周波调速电路

这里介绍一个电风扇模拟阵风周波调速电路。下面介绍其工作原理。

电路见图 8-9a。电路中 NE555 接成占空比可调的方波发生器，调节 RP 可改变占空比。在 NE555 的 3 脚输出高电平期间，过零通断型光耦合器 MOC3061 初级得到约 10mA 正向工作电流，使内部硅化镓红外线发射二极管发射红外光，将过零检测器中光敏双向开关于市电过零时导通，接通电风扇电机电源，风扇运转送风。在 NE555 的 3 脚输出低电平期间，双向开关关断，风扇停转。

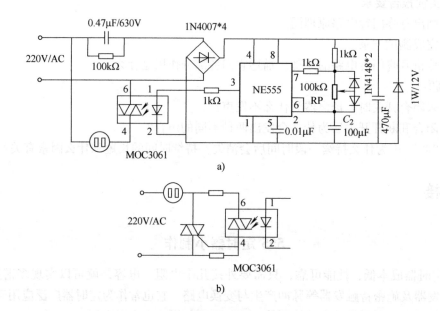

图 8-9 风扇周波调速电路

a）调速电路 b）MOC3061 的典型功率扩展电路

MOC3061 本身具有一定驱动能力，可不加功率驱动元件而直接利用 MOC3061 的内部双向开关来控制电风扇电动机的运转。RP 为占空比调节电位器，即电风扇单位时间内（本电路数据约为 20s）送风时间的调节，改变 C_2 的取值或 RP 的取值可改变控制周期。

图 8-9b 电路为 MOC3061 的典型功率扩展电路，在控制功率较大的电动机时，应考虑使用功率扩展电路。制作时，可参考图示参数选择器件。由于电源采用电容压降方式，请自制时注意安全，人体不能直接触摸电路板。

三、单电源变双电源电路

图 8-10 电路中，时基电路 555 接成无稳态电路，3 脚输出频率为 20kHz、占空比为 1∶1 的方波。3 脚为高电平时，C_4 被充电；低电平时，C_3 被充电。由于 VD_1、VD_2 的存在，C_3、C_4 在电路中只充电不放电，充电最大值为 E_C，将 B 端接地，在 A、C 两端就得到 $\pm E_C$ 的双电源。本电路输出电流超过 50mA。

四、简易催眠器

时基电路 555 构成一个极低频振荡器，输出一个个短的脉冲，使扬声器发出类似雨滴的声音，见图 8-11。采用 2in、8Ω 小型动圈式扬声器。雨滴声的速度可以通过 100kΩ 电位器来调节到合适的程度。如果在电源端增加一简单的定时开关，则可以在使用者进入梦乡后及时切断电源。

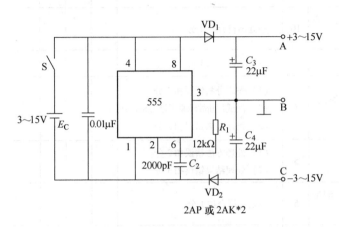

2AP 或 2AK*2

图 8-10　单电源变双电源电路

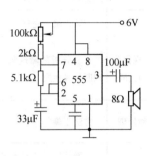

图 8-11　简易催眠器

评价标准（见表 8-5）

表 8-5　任务评分表

姓名：＿＿＿＿＿＿＿　学号：＿＿＿＿＿＿＿　合计得分：＿＿＿＿＿＿＿

内　容		考核要求	配分	评分标准	学生自评	小组评分	教师评分	综合
任务资讯掌握情况		（1）明确文字、图形符号意义、各元件的作用 （2）能熟练掌握叮咚门铃的工作原理并进行分析	10	（1）错误解释文字、图形符号意义，每个扣 1 分 （2）错误说明设备、元器件在电路中的作用，每个扣 1 分 （3）电路原理不清楚扣 5 分				
电路安装准备	识别元器件	正确识别扬声器、NE555 芯片等特殊电子元器件	5	（1）元器件型号每识错一个扣 1 分 （2）元器件规格每识错一个扣 1 分				
	选用仪器、仪表	（1）能详细列出元件、工具、耗材及使用仪器仪表清单 （2）能正确使用仪器仪表	5	（1）错误选择仪器、仪表扣 3 分 （2）使用方法不正确扣 1 分 （3）测试结果错误扣 4 分				
	选用工具	正确选择本任务所需工具、仪器仪表等	5	（1）错误选择工具、器具类别、规格均扣 1 分 （2）使用方法不正确扣 2 分				

（续）

内　容		考核要求	配分	评分标准	学生自评	小组评分	教师评分	综合
电路安装	元器件	元器件完好无损坏	5	一处不符合扣1分				
	焊接	无虚焊，焊点美观符合要求	10	一处不符合扣1分				
	接线	按图接线，接线牢固、规范，布线美观，横平竖直	10	一处不符合扣1分				
	安装	安装正确，完整	5	一处不符合扣1分				
电路调试	故障现象分析与判断	正确分析故障现象发生的原因，判断故障性质	5	（1）逻辑分析错误扣2分 （2）测试判断故障原因错误扣2分 （3）判断结果错误扣3分				
	故障处理	方法正确	5	（1）处理方法错误扣2分 （2）处理结果错误扣3分				
	波形测量	正确使用示波器测量波形，测量的结果要正确	5	一处不符合扣1分				
	电压测量	正确使用万用表测量波形，测量的结果要正确	5	一处不符合扣1分				
通电试运行		试运行一次成功	5	一次试运行不成功扣3分				
任务报告书完成情况		（1）语言表达准确，逻辑性强 （2）格式标准，内容充实、完整 （3）有详细的项目分析、制作调试过程及数据记录	10	根据完成质量评定				
安全与文明生产		（1）严格遵守实习生产操作规程 （2）安全生产无事故	5	（1）违反规程每一项扣2分 （2）操作现场不整洁扣2分 （3）不听指挥或误操作，发生严重设备和人身事故，取消考试资格				
职业素养		（1）学习、工作积极主动，遵时守纪 （2）团结协作精神好 （3）踏实勤奋，严谨求实	5					
合　计			100					

巩固提高

一、填空题

1. 常用的 555 集成定时器有_____定时器和_____定时器两种类型，二者的工作原理基本相同。CMOS 定时器 CC755，它由_____、两个_____、_____和_____以及输出缓冲门组成。

2. 由 555 定时器组成的多谐振荡器，其振荡周期为_____。

3. 集成 555 定时器的典型应用电路有_____、_____和_____。

4. 施密特触发器是一种具有_____的双稳态电路，其特点是：电路具有_____稳态，且_____稳态依靠_____来维持。

二、判断题

（　　）1. 555 电路的输出只能出现两个状态稳定的逻辑电平之一。

（　　）2. 施密特触发器采用的是电平触发方式，不是脉冲触发方式。

（　　）3. 施密特触发器在输入信号为 0 时，其状态可以是 0，也可以是 1。

（　　）4. 自激多谐振荡器输出正弦波。

（　　）5. 单稳态触发器必须在外来触发脉冲作用下，电路才能由稳定状态翻转为暂稳状态。

三、选择题

1. 555 定时器构成的单稳态触发器输出脉宽 t_w 为（　　）。

A. 1.3RC　　　　　　B. 1.1 RC　　　　　　C. 0.7 RC　　　　　　D. RC

2. 555 定时器的 TH 端电平小于 $2V_{CC}/3$，$\overline{TR}$端电平大于 $V_{CC}/3$ 时，定时器的输出状态是（　　）。

A. 0 态　　　　　　B. 1 态　　　　　　C. 原态

3. 改变 555 定时电路的电压控制端 CO 的电压值，可改变（　　）。

A. 555 定时电路的高、低输出电平　　　B. 开关放电管的开关电平

C. 高输入端、低输入端的电平值　　　D. 置"0"端的电平值

4. 单稳态触发器的脉冲宽度取决于（　　）。

A. 触发信号的周期　　　　　　B. 电路的 RC 时间常数

C. 触发信号的宽度　　　　　　D. 不确定

5. 施密特触发器的特点是（　　）。

A. 没有稳态　　　　　　B. 有两个稳态

C. 有两个暂稳态　　　　　　D. 有一个稳态和一个暂稳态

附　录

附录 A　部分常用数字集成电路引脚排列图

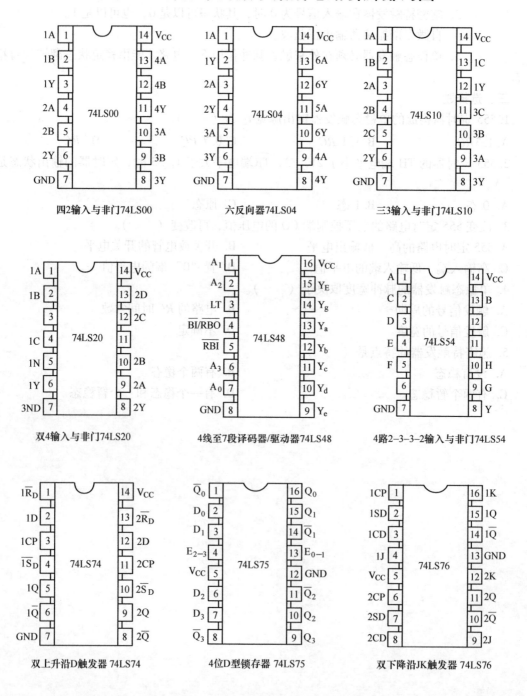

四2输入与非门74LS00

六反向器74LS04

三3输入与非门74LS10

双4输入与非门74LS20

4线至7段译码器/驱动器74LS48

4路2–3–3–2输入与非门74LS54

双上升沿D触发器 74LS74

4位D型锁存器 74LS75

双下降沿JK触发器 74LS76

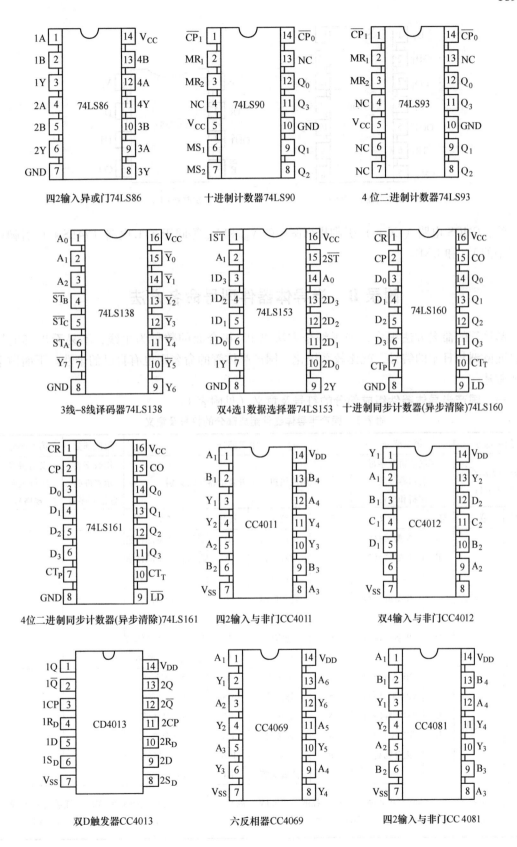

四2输入异或门74LS86　　　　　十进制计数器74LS90　　　　　4位二进制计数器74LS93

3线-8线译码器74LS138　　　双4选1数据选择器74LS153　　十进制同步计数器(异步清除)74LS160

4位二进制同步计数器(异步清除)74LS161　　四2输入与非门CC4011　　双4输入与非门CC4012

双D触发器CC4013　　　　　六反相器CC4069　　　　　四2输入与门CC4081

170

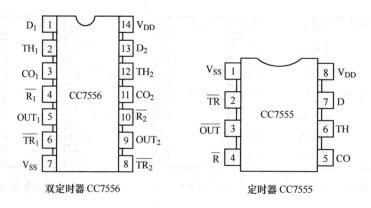

双定时器 CC7556　　　　　　定时器 CC7555

注：CMOS 电路（CC＊）引脚排列图中的 V_{DD} 和 V_{SS} 等同于 TTL 电路（74LS＊）引脚排列图中的 V_{CC} 和 GND。

附录 B　半导体器件型号命名方法

晶体管的命名方法很多，美国编号方法以 PN 接合面的数量为主线，不易看出其他特性，而欧洲与日本的编号，就比较系统化。国产晶体管的命名则也有自己的个性。下面做个简要叙述。

一、国产半导体器件组成部分的符号及意义（见附表 1）

附表 1　国产半导体器件组成部分的符号及意义

第一部分		第二部分		第三部分				第四部分	第五部分
用数字表示器件电极数目		用汉语拼音字母表示器件的材料和极性		用汉语拼音字母表示器件的类别				用数字表示器件的登记顺序号	汉语拼音字母表示规格号
符号	意义	符号	意义	符号	意义	符号	意义		
2	二极管	A	N 型锗材料	P	小信号管	D	低频大功率晶体管		
		B	P 型锗材料	V	检波管	A	高频大功率晶体管		
		C	N 型硅材料	W	电压调整管和电压基准管	T	闸流管		
		D	P 型硅材料	C	变容管	X	低频小功率晶体管		
				Z	整流管	G	高频小功率晶体管		
3	三极管	A	PNP 型锗材料	L	整流堆	J	阶跃恢复管		
		B	NPN 型锗材料	S	隧道管	CS	场效应管		
		C	PNP 型硅材料	N	噪声管	BT	特殊晶体管		
		D	NPN 型硅材料	K	开关管	FH	复合管		
		E	化合物材料	B	雪崩管	PIN	PIN 二极管		
				Y	体效应管	GJ	激光二极管		
备注		低频小功率晶体管截止频率 <3MHz、耗散功率 <1W；高频小功率晶体管截止频率 ≥3MHz、耗散功率 <1W；低频大功率晶体管截止频率 <3MHz、耗散功率 ≥1W；高频大功率晶体管截止频率 ≥3MHz、耗散功率 ≥1W								

例如，锗 PNP 高频小功率管为 3AG11C。

3（三极管）A（PNP 型锗材料）G（高频小功率管）11（序号）C（规格号）。

二、美国电子半导体协会半导体器件型号命名法（附表 2）

附表 2　美国电子半导体协会半导体器件型号命名法

前缀		第一部分		第二部分		第三部分		第四部分	
用符号表示 用途的类别		用数字表示 PN 结的数目		美国电子半导体协会 （EIA）注册标志		美国电子半导体协会 （EIA）登记顺序号		用字母表示 器件分档	
符号	意义	符号	意义	符号	意义	符号	意义	符号	意义
JAN 或 J	军用品	1	二极管	N	该器件已在 美国电子半导 体协会登记顺 序号	多位 数字	该器件已在 美国电子半导 体协会登记顺 序号	ABCD	同一型号不 同档别
		2	三极管						
无	非军用品	3	3 个 PN 结器件						
		N	N 个 PN 结器件						

三、日本半导体器件型号命名方法（附表 3）

附表 3　日本半导体器件型号命名方法

第一部分：器件 类型或有效电极数		第二部分：日本 电子工业协会 注册产品		第三部分：类别		第四部分： 登记序号	第五部分： 产品改进序号
数字	含义	字母	含义	字母	含义		
0	光敏二极管、晶体管 或其组合管	S	表示已在 日本电子 工业协会（JE- IA）注册登 记的半导体 分立器件	A	PNP 型高频管	用两位以 上的整数表 示在日本电 子工业协会 注册登记的 顺序号	用字母 A、 B、C、D…… 表示对原来型 号的改进
				B	PNP 型低频管		
				C	NPN 型高频管		
				D	NPN 型低频管		
1	二极管			F	P 门极晶闸管		
2	三极管或具有两个 PN 结的其他器件			G	N 门极晶闸管		
				H	N 基极单结晶体管		
				J	P 沟道场效应管		
3	具有四个有效电极或 具有三个 PN 结的晶体管			K	N 沟道场效应管		
				M	双向晶闸管		

参 考 文 献

[1] 郭赟. 电子技术基础 [M]. 北京：中国劳动社会保障出版社，2007.

[2] 陈梓诚. 电子技术实训 [M]. 北京：机械工业出版社，2008.

[3] 刘泽忠. 电子技术基础与技能 [M]. 北京：机械工业出版社，2009.

[4] 张永枫，等. 电子技能实训教程 [M]. 北京：清华大学出版社，2009.

[5] 朱春萍. 电子技术基础 [M]. 北京：中国劳动社会保障出版社，2010.

[6] 吕强. 电子技术基础 [M]. 北京：机械工业出版社，2008.